致密砂岩气藏测井解释理论与技术

景 成　宋子齐◎著

中国石化出版社

图书在版编目（CIP）数据

致密砂岩气藏测井解释理论与技术／景成，宋子齐著．
—北京：中国石化出版社，2019.3
ISBN 978-7-5114-5227-6

Ⅰ.①致… Ⅱ.①景… ②宋… Ⅲ.①致密砂岩-
砂岩油气藏-油气测井-测井解释 Ⅳ.①TE343

中国版本图书馆 CIP 数据核字（2019）第 035866 号

中国石化出版社出版发行
地址：北京市朝阳区吉市口路 9 号
邮编：100020　电话：(010)59964500
发行部电话：(010)59964526
http://www.sinopec-press.com
E-mail：press@sinopec.com
北京科信印刷有限公司印刷
全国各地新华书店经销
＊
787×1092 毫米 16 开本 12 印张 305 千字
2019 年 3 月第 1 版　2019 年 3 月第 1 次印刷
定价：78.00 元

前　言

2017年，我国进口原油 4.2×10^8 t，原油对外依存度达到 68.6%，一定程度上威胁着国家能源安全。"提升国内油气勘探开发力度，努力保障国家能源安全"是当前的重要任务。致密油气、页岩油气、煤层气等非常规能源已成为保障我国能源战略安全的重要接替能源。同时，为减少雾霾等不良天气对人民群众健康的影响，国家大力倡导"煤改气"，天然气的发展也迈入新时代。我国致密砂岩气储层展布面积较大，资源量丰富，仅陆上致密气地质资源量就达 22×10^{12} m³，2017年我国致密气产量为 343×10^8 m³，展现出巨大的发展潜力。

测井是油气田开发的"眼睛"，是实现致密气藏有效开发的关键技术之一。准确识别和评价致密气储层是致密气藏开发的前提。测井信息量大、方法多、连续测量，能够有效识别和评价气水层及准确计算储层厚度、孔隙度、渗透率、含气饱和度等多种地质参数。致密砂岩气藏作为致密油气的典型代表，其受多期不同类型沉积、成岩作用及构造等因素影响，孔隙空间小、孔隙类型结构和测井响应复杂，且储层含气状况复杂多变，其测井解释一直面临"两低两非"，即低信噪比、低分辨率和非均质、非线性的难点。因此，针对我国致密砂岩气藏特点，深入挖掘其测井资料中隐含的巨大信息，实现对致密砂岩气藏全方位的测井地质精细评价与综合可靠的解释是保障我国致密砂岩气藏持续增储上产的关键基础工作之一。

本书以矿场地球物理测井基本原理、油气田开发地质学、油气藏描述技术、数理统计原理与方法、渗流力学、岩石物理学等多学科为基础，系统介绍了致密砂岩气藏有利沉积微相测井解释技术（第二章）、致密砂岩气藏成岩储集相测井解释技术（第三章）、致密砂岩气藏经济实用测井系列优化评价技术（第四章）、致密砂岩气藏储层岩石物理相评价划分技术（第五章）、致密砂岩气藏岩石物理相储层参数测井解释技术（第六章）、致密砂岩气藏含气层识别与评价技术

（第七章）、致密气藏含气有利区岩石物理相流动单元"甜点"筛选技术（第八章）和致密砂岩气藏试气产能预测技术（第九章），并以我国苏里格致密砂岩气田东区为例，穿插具体实例进行了分析与应用评价。

本书所涉及的内容主要来自于笔者及所在研究小组合作者的研究成果，小部分内容参考了近年来国内外同行、专家在这一领域公开出版或发表的相关研究成果，部分参考文献未列出，在此表示感谢；本书是在西安石油大学石油工程学院、教务处、科技处以及中国石化出版社的大力支持下才得以顺利出版，同时本书获得了"西安石油大学优秀学术著作出版基金"和"国家自然科学青年基金（编号：51804256）"的资助；另外，石油工程学院的各位前辈和同仁也对本书概述提出了宝贵的意见和建议，在此一并致以诚挚的谢意。

本书可供从事油气田开发，特别是从事致密砂岩气藏研究的工程技术人员和研究人员参考，亦可作为石油工程和油气地质工程的本科生与研究生的参考书。由于在致密砂岩气藏测井解释理论与技术方面尚存在许多问题需进一步探讨和完善，加之作者学识水平有限，欠妥或错误之处在所难免，敬请读者不吝指正，使之不断完善。

目　　录

第一章 概　述

目前，致密油气等非常规油气资源已成为保障我国能源安全的重要组成类型之一。致密砂岩气藏作为致密油气的典型代表，其受多期不同类型沉积、成岩作用及构造等因素影响，孔隙空间小、孔隙类型结构和测井响应复杂，储层具有非均质、非线性分布的特点，且储层含气状况复杂多变，测井解释难度与精度往往受限，这直接影响到该类气藏的进一步勘探与开发。因此，克服致密砂岩气藏储层测井低信噪比、低分辨力的评价特征，深入挖掘其测井资料中隐含的巨大信息，实现对致密砂岩气藏全方位的测井地质精细评价与综合可靠的解释是保障我国致密砂岩气藏持续增储上产的关键基础工作之一。

第一节　我国致密砂岩气藏勘探开发现状

所谓致密砂岩气藏就是碎屑岩中的低渗透气藏，它是一个相对的概念，世界上并没有统一的划分标准和界限，因不同国家、不同时期的资源状况和技术经济条件而划定。目前，我国定义的致密砂岩气是指覆压基质渗透率小于或等于 $0.1 \times 10^{-3} \mu m^2$ 的砂岩气层，单井一般无自然产能或自然产能低于工业气流下限，但在一定经济条件和技术措施下可获得工业天然气产量，通常情况下，这些措施包括压裂、水平井、多分支井等（据国家能源局）。

全球致密气资源丰富，分布范围十分广泛，全球已发现或推测发育致密气的盆地约有70个，资源量约为 $209.6 \times 10^{12} m^3$，在亚太、北美、拉丁美洲、前苏联、中东—北非等地区均有分布，其中亚太、北美、拉丁美洲分别拥有致密气资源量 $51.0 \times 10^{12} m^3$、$38.8 \times 10^{12} m^3$ 和 $36.6 \times 10^{12} m^3$，合计占全球致密气资源量的60%以上。关于致密砂岩气藏的研究，始于20世纪50年代。从圣胡安盆地的隐蔽气藏，到加拿大阿尔伯达盆地埃尔姆沃斯巨型深盆气藏，再到 Raton 盆地的盆地中心气、致密砂岩气与连续型天然气聚集，目前致密气已成为全球非常规天然气勘探的重点领域。目前，全球致密气产量约占非常规气产量的75%。美国已在23个盆地发现了900多个致密气田，可采储量 $5 \times 10^{12} m^3$，生产井超过 1×10^5 口，北美已实现致密砂岩气的大规模商业化生产，2010年美国致密气产量达 $1754 \times 10^8 m^3$，占当年天然气总产量的30%，2012年产量达 $1630 \times 10^8 m^3$，约占美国天然气总产量的24%。

中国致密砂岩气展布面积较大，储层以岩屑砂岩、长石砂岩为主，埋深跨度大，为2000~8000m，经历了较强的成岩改造，多处于中成岩 A—B 阶段，压实、胶结等破坏性成岩作用对储层影响较大，储层物性差。中国致密气储层中值孔隙度介于3.2%~9.1%，平均值为1.5%~9.04%，中值渗透率为 $(0.03 \sim 0.455) \times 10^{-3} \mu m^2$，平均值为 $(0.01 \sim 1.0) \times 10^{-3} \mu m^2$，基本无自然工业产能，压裂施工后产量显著增加。

早在20世纪60年代，致密气在中国四川盆地川西地区就已有发现，但因技术不成熟，长期没有大发展。近年来，随着大型压裂改造技术进步和规模化应用，致密砂岩气勘探开发才取得重大进展，发现了以鄂尔多斯盆地苏里格地区、四川须家河组为代表的致密砂岩大气区，在松辽、吐哈、塔里木、渤海湾等盆地钻探了一批高产致密砂岩气井，这表明中国致密砂岩气分布广泛，资源相当丰富。

据最新估算，中国致密砂岩气可采资源量$(9\sim13)\times10^{12}\,m^3$。2012年，致密气产量约$300\times10^8\,m^3$，约占全国天然气产量的28%。中国致密砂岩气的发展非常快，2011年苏里格致密砂岩大气区实现探明储量超$3.0\times10^{12}\,m^3$，约3500口生产井，单井平均产量$1.0\times10^4\,m^3/d$，年产量$135\times10^8\,m^3$；四川盆地须家河组致密砂岩大气区资源量超过$5.0\times10^{12}\,m^3$，已发现三级储量$1.0\times10^{12}\,m^3$，产量超过$30\times10^8\,m^3$。此外，在松辽盆地登娄库组、吐哈盆地水西沟群、准噶尔盆地八道湾组、塔里木盆地库车东部侏罗系及西部深层巴什基奇克组致密砂岩均具备致密气区的条件，取得重大发现。2011年，致密气储量已占中国天然气的1/3以上，年产量超过$200\times10^8\,m^3$，展现出很大的潜力，可采资源量$(15\sim20)\times10^{12}\,m^3$。

中国天然气资源丰富，发展前景广阔。2016年，中国非常规油气产量$6600\times10^4\,t$油当量，占油气总产量的20%，其中非常规气占天然气总量的33%，非常规油占石油总量的10%。2017年，致密气产量为$343\times10^8\,m^3$，页岩气为$90\times10^8\,m^3$、煤层气为$45\times10^8\,m^3$。截至2016年年底，根据中国石油天然气集团有限公司第4次全国油气资源评价的研究成果，中国陆上致密气地质资源量$22\times10^{12}\,m^3$，探明地质储量$3.8\times10^{12}\,m^3$，探明率17%；全国待发现常规气+致密气可采资源量$52\times10^{12}\,m^3$；鄂尔多斯、四川、塔里木、南海四大地区常规气+致密气待发现可采资源量$42\times10^{12}\,m^3$，约占全国的80%。依靠鄂尔多斯盆地苏里格气田外围、神木气田及盆地东部的新区上产，致密气产量由2017年的$343\times10^8\,m^3$增加到2020年的$400\times10^8\,m^3$；2020年之后，依靠新区勘探拓展与已开发致密气田提高采收率，产量缓慢增长至2030年的$450\times10^8\,m^3$。

第二节　致密砂岩气藏测井解释技术发展现状

测井是实现致密气藏有效开发的关键技术之一，准确识别和评价致密气储层是致密气藏开发的前提。测井信息量大、方法多、连续测量，能够有效识别气水层及准确计算储层厚度、孔隙度、渗透率、含气饱和度等地质参数，进行压裂高度、施工压力参数预测、监测和压裂效果检测的能力，能为压裂方案设计和压后效果评价提供技术支撑，提高单井产量。总之，致密气藏开发对测井技术具有重大的生产需求：①测井准确识别致密气水层、准确计算储层参数；②测井准确计算岩石力学参数，进行裂缝监测和多层测试储层优选，与工艺技术结合，提高单井产量；③挖掘老井的测井资料信息，实现油田增储上产。

测井解释建模的常规做法是分区分层建立模型（石玉江等，2005），即以砂层组或单砂层作为解释单元，但由于油气储层普遍存在非均质性，这忽视了砂层内部的物性及渗流特征的差异，造成储集层测井解释的精度不高（董春梅等，2006），对于物性受构造裂缝、沉积微相和成岩相等多种因素控制（丁圣等，2012）而致密且非均质性强的致密砂岩气储层而言，将测井信息转化为储层参数及利用测井曲线开展储层评价更是往往存在多解性（赵军龙等，2010）。因此，致密砂岩气储层测井储层评价、油气层解释工作等如同砂砾岩储层一样需要新的理论和先进的工程技术来支撑（申本科等，2012）。事实上，在新的理论指导下基于常规测井资料发展精细模型，是除了发展测井新技术之外的另一个测井储层参数评价的主要途径（何雨丹等，2005）。

致密砂岩气藏测井解释一直面临"两低两非"，即低信噪比、低分辨率和非均质、非线性的难点。国内外广泛采用加强岩性特征分析的方法提高了致密气常规测井解释精度，在排除岩性影响的前提下，突出气层特征，从而达到识别和评价气层的目的。这是由于和常规气藏相比，致密气藏渗透率和孔隙度低，岩性特征影响测井较大，一般采用密度-中子交会、纵横波速测井、岩性密度测井等方法来研究岩性特征。

近年来，随着油气勘探工作与研究工作的不断深入，国内外在测井解释及储层评价的研究上取得了较大的进展。一些新理论、新方法不断涌现，储层地质测井已从过去传统地质的定性描述向半定量、定量方面发展。在技术方面，地球化学测井技术、测井孔洞综合概率法、热解分析法、克里金法、人工神经网络方法、灰色系统理论、利用小波技术综合测井、利用时间推移感应测井技术、储层地球化学、图像处理技术、分形几何学和核磁共振等新的技术方法也日趋完善。国内吴春萍等（2003）利用测井资料，采用人工神经网络技术对致密砂岩的岩性进行了识别，利用相关资料与试验资料，获得了有效饱和度评价参数，提高了饱和度的解释精度，并以此进行了束缚水饱和度的解释，并采用多种交绘图技术，有效地识别了致密砂岩气层。李云省等（2003）采用声波孔隙度-中子孔隙度法识别气层得到了较好的效果。当储层中含有天然气时，由于天然气含氢量比油和水低，同时声波在气层中的传播速度也低于油和水，所以气层中子孔隙度降低，声波时差大而出现"周波跳跃"。因此，含气层的中子和声波时差曲线在测井曲线图上会出现重叠区域。储层含气饱和度越大，重叠区域的面积也越大。谭海芳（2007）利用核磁共振测井与常规测井资料的综合分析有助于正确评价致密气藏，也取得了一定的成果。然而，测井信息利用率低，测井资料中的隐含信息没有充分挖掘出来使得对致密气藏的综合评价还有很多难题需要攻克。

致密气藏一直也是国外普遍关注的地质难题，目前国外致密气藏研究及勘探侧重点在深盆气藏，主要利用钻井、测井资料分析致密储层的岩石物理特征；利用三维地震数据，研究古沉积相，确定致密砂体分布范围；再通过分析气水配置关系进行深盆气相识别。21世纪相继出现了电磁侧向仪、CT扫描仪、微电阻率成像测井仪（FMI）、微电阻率扫描测井（FMS）、声波成像测井（UBI）等技术手段用于了致密气藏裂缝的识别，并取得一定成果。Sheng Ding 等（2002）提出了一种基于 EXCEL 的饱和度和海拔关系的综合新方法——JMOD，通过实例研究，认为该方法可以校正测井分析参数和确定致密气藏中的诸如潜水面和地层水饱和度等岩石物理性质，能够极大地减小评价中的不确定性，避免失误，从而抓住勘探开发过程中的有利机会。美国 Piceance 盆地透镜状泥质砂岩具有地层水电阻率的变化大、非均质性强、烃类与产水层的不确定性等特点，测井分析的不确定性很大。

V・A Kuuskraa 和 D・J Cam-payna 使用一种综合了各种水电阻率和地层黏土影响效果的泥质砂岩含水饱和度模型，正确地分析这些致密透镜状砂岩。有关于阳离子交换能力的资料是评价地层黏土所带来的影响的一个重要条件，一般认为盆地中心向地表垂直增大带来黏土的影响。为提高致密气藏储层孔隙度计算的精确，M・M・Abu-Shanab 等（2005）提出了一种通过岩心孔隙度校正利用核磁共振测井（NMR）和密度测井（DEN）相结合来计算储层孔隙度的经验方法，即密度-核磁响应孔隙度（DMR）。通常用中子/密度测井曲线来计算的地层孔隙度只有在岩性充满流体且较纯的砂岩中才能得到较准确的结果，泥质砂岩中地层的非均质性、岩性以及气体等因素都使孔隙度计算的不确定性增大。M・M・Abu-Shanab 等（2005）利用 DMR 技术在埃及 Obaiyed 气田一口取心井上应用，证明了 DMR 技术在取代单独利用常规测井或核磁共振测井计算致密气藏储层含气饱度和孔隙度上的重要性。

来源于井资料的裂缝强度不能准确地运用到整个气田，然而用于处理存在于气藏建模中的这类问题可以统计技术实现。Patrick M·Wong（2003）提出了一种基于软件计算方法的综合技术，而且阐明了该技术在提高裂缝描述的工作流程中的应用，从而识别"甜点"。位于怀俄明州的 Pinedale 背斜的一个三维裂缝强度模型使用了一套裂缝有关的地震属性与岩石基质属性来模拟，模拟结果显示有 4 口井吻合程度很好，同时也表明了裂缝强度的估计及其误差分析不失为一个有效工具，可以用于识别潜在的甜点。因此，做好这些岩石物理工作有助于减小致密砂岩储层评价的不确定性。

国外 D. R. Spain 等（1992）提出在单井剖面上划分岩石物理类型，国内熊琦华（1989 年）提出岩石物理相的概念，姚光庆、隋军等也相继开展了储层岩石物理相的研究。研究表明，岩石物理相是具有一定岩石物理性质及渗流特征的储层成因单元，是沉积、成岩和构造作用的综合反映（熊琦华等，2010），反映了储层宏观物性及微观孔隙结构特征（程会明等，2002）。由于岩石物理相分类集中体现出储层岩性、物性、孔隙结构和测井响应对储层质量的控制作用（宋子齐等，2013），因此岩石物理相是控制低渗透岩性油气藏储集层"四性"关系和测井响应特征的主导因素（宋子齐等，2008）。同类岩石物理相储层一般具有相似的岩石学、物性、孔隙结构、岩电关系和测井响应特征（石玉江等，2005；宋子齐等，2008），对储层岩石物理相展开研究，基于储层岩石物理相分类能够较好地评价储层参数以及识别油水层等，将复杂储层非均质、非线性问题转化为均质、线性问题解决，由此提高储层参数解释精度（石玉江等，2005；谭成仟等，2001）。事实上，储层岩石物理相研究是快速、有效地获得储层参数并进行储层精细评价和油藏精细描述工作的最有效实用的方法（周永炳等，2008），对储层岩石物理相进行研究，是储层表征及深化认识其非均质性的必然结果和要求（谭成仟等，2001）。通过对储层测井响应特征和岩石物理相的研究发现，岩石物理相分类后，同类岩相的"四性"关系有如下特点：第一，具有相似的沉积、成岩作用和岩石学特征；第二，孔隙结构和类型趋于一致；第三，孔隙度与渗透率的关系表现出规律性变化；第四，具有相似的测井响应特征和岩电关系；第五，分类物性参数与测井参数的相关系数有所提高。这表明了岩石物理相是控制储层测井响应特征和"四性"关系的主导因素。

通过岩石物理相分类建立的测井解释储层参数模型提高了致密性、非均质性储层测井解释精度。景成、宋子齐等（2013 年）基于岩石物理相分类进行了致密砂岩气藏储层测井解释方面的诸多研究与应用，基于岩石物理相分类的致密砂岩气藏储层孔隙度与渗透率测井建模方法，明显改善和提高了致密气储层渗透率参数的计算精度和效果，有效地克服了致密气储层低信噪比、低分辨力的评价特征。

目前，岩石物理相研究的方法主要有主因素分析法、对应分析法、加权平均法、叠加法。对应分析法和主因素分析法是多元统计学范畴中的相关分析方法，加强了多元信息的提取，但是实现步骤较为繁琐，可操作性较差，同时储集层成因机理子与主因有何联系，目前还无法解释清楚。加权平均法是利用选定出的综合判别函数计算岩石物理相类型（PF），依据 PF 进行岩石物理相的评价划分。叠加法是指以裂缝相平面图、沉积微相、成岩相进行叠加，以其交集作为岩石物理相分类依据。加权平均法和叠加法操作简单，但是存在人为误差，划分结果的客观性无法保证。

同时，基于成岩储集相测井响应特征定量评价致密气藏相对优质储层（景成等，2014），致密气储层经济实用最佳匹配测井系列优化评价（景成等，2014）等一系列研究与应用成果，使得测井在致密砂岩气藏地质评价与测井曲线快速评价中得到了一定的提高。

　　总之，测井解释方法研究发展的趋势是结合新理论、新方法，充分利用现有的高科技手段向定量解释方面发展。而评价致密砂岩气藏需要的方法、数据更多，需要分析研究和建立合适准确的测井岩心相关曲线，使用最简单的测井方法进行致密砂岩气藏的评价。

第三节　致密砂岩气藏测井解释存在的问题及发展趋势

　　致密砂岩气藏储层受沉积环境、成岩作用、构造等因素影响，具有孔隙致密、孔喉细小、孔隙结构复杂、渗透率低、非均质性强等特点。致使泥浆对地层侵入作用弱，泥饼难于形成，微电极电阻率曲线在渗透层上的正幅度差异不明显；直观指示油气层和水层的深、中、浅电阻率在常规储层的有序排列基本消失；发育在储层中的微裂缝呈现的不规则扩径使测井曲线背景值失真。其综合效应反映出测井响应来自油气成分少，有生产能力的低孔隙度储层与无效层段之间差异很小。

　　致密砂岩气藏储层孔隙度和渗透率低，测井信息中来源于孔隙的信息更少，地层骨架对测井远远大于孔隙对测井的影响，有效储层的识别率降低；致密砂岩储层非均质性强，成岩作用强，常规的测井解释模型已不适用，对测井解释储层参数的要求更高；致密砂岩储层需经过改造才具有产能，外界影响大，因此利用试气资料进行解释具有一定的偏差；由于致密砂岩储层岩性变化，导致储层特征及四性关系也有所不同，因此采用单一的测井解释模型，精度不高，应联合各类测井曲线进行综合解释。

　　致密砂岩气藏测井解释主要有以下两方面的发展。首先是推广使用新的测井技术，国外学者一般比较注重测井仪器的研发，核磁共振测井、成像测井等新技术主要用于储层空间的观察，电缆地层测试一般用于判别储层流体性质的。其次就是测井解释方法的研究发展，国内则比较注重通过各种测井资料与岩心、地质、录井资料结合来开展新的测井解释方法。由于测井新仪器的开发所用的时间、设备等在近期内达不到标准，因此就需要测井解释人员尽量挖掘测井资料隐藏的信息，利用各种数理统计方法，在地质学的基础上，将这些方法运用到测井解释中，求得更加精确的解释模型。

第二章 致密砂岩气藏有利沉积微相测井解释技术

沉积相是指"沉积环境及在该环境中形成的沉积岩(物)特征的综合"，沉积环境和沉积相决定着地层的岩石类型、结构及纵横向组合，也决定着储层的发育和分布。在鉴别和识别沉积相时，岩性、粒度、分选性、泥质含量、垂向序列、砂体的形态及分布等都是重要的成因标志。这些成因标志是各种沉积环境中水动力因素作用的结果，同时水动力条件控制着岩石物理性质的变化，如自然电位、自然伽马等。测井曲线正是各种物理性质沿井孔深度变化的物理响应，以此建立起取心井准确的岩电关系，进而推广至非取心井，反推出非取心井储层特征。从而，可以利用测井曲线形态有效地反馈上述成因标志在纵、横方向上的变化，为识别沉积相提供有价值的资料，并成为一种有效识别沉积相的途径。

第一节 利用测井资料研究沉积微相的流程

沉积相研究特别是沉积微相研究是进行储层结构和流动单元研究的重要基础，同时也是准确、客观评价储层和有利区域的重要环节。通过沉积微相研究，可以从沉积机理上解释储层特征和非均质性，进而预测有利的油气有利区域及其分布。利用测井资料研究致密砂岩气藏沉积微相的方法流程归纳如图2-1所示。

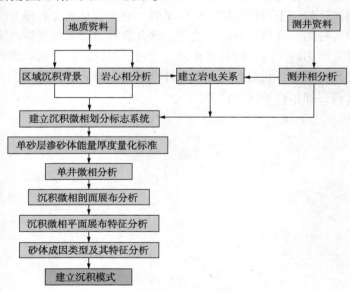

图 2-1 致密砂岩气藏储层沉积微相研究流程图

不同水动力条件造成了不同环境下的沉积层序在粒度、分选、泥质含量等方面的特征，因而具有不同的测井曲线形态。它集中反映出的基本形态和特征包括：

一、渐变型、突变型、振荡型、块状组合型、互层组合型基本形态测井曲线

渐变型表明顶部或底部沉积颗粒大小的逐渐变化，这种曲线特征往往是一种沉积环境到另一种沉积环境平稳过渡的表征，如由河流沉积区逐渐过渡到洪积平原或河漫滩沉积，曲线特征常表现为顶部渐变型；突变型表明一种沉积环境到另一种沉积环境的急剧变化或不同环境的不整合接触的表征，如河流相深切的河道沉积底部；振荡型是水体前进或后退长期变化的反映；块状组合型是沉积环境基本相同的情况下，沉积物快速堆积或砂体多层叠置的反映；互层组合型反映因环境频繁变化而成的砂岩、粉砂岩及页岩相间成的序列，如河道频繁迁移或以交织河为主的河流相沉积，常见互层组合型。

这几种曲线主要受控于三种因素：水体深度变化；搬运能量强度及其变化；沉积物的物源方向及其供应物的变化。

二、幅度、能量厚度、形状、接触关系与次级形态进行测井曲线形态分析

幅度的大小反映粒度、分选性及泥质含量等沉积特征的变化，如自然电位的异常幅度变化、自然伽马幅值高低可以反映地层粒度中值的大小，并能反映泥质含量的高低；能量厚度反映单砂层水动力较强渗砂体沉积时间（厚度）；形状指单砂体曲线形态，有箱形、钟形、漏斗形、菱形、指形等，反映沉积物沉积时的能量变化或相对稳定的情况，如钟形表示沉积能量由强到弱的变化；接触关系指砂岩的顶、底界的曲线形态，反映砂岩沉积初期及末期的沉积相变化；次级形态主要包括曲线的光滑、包络线形态及齿中线的形态，它们帮助提供沉积信息，如齿中线成水平表明每个薄砂层粒度均匀、沉积能量均匀周期性变化。

根据上述可知，测井曲线特征（包括曲线形态和特征值）与沉积相之间有密切的关系。因此，我们根据沉积学标志、古生物标志和地球物理标志，以现场岩心观察资料为基础，通过建立准确的岩电关系，充分利用测井资料并结合区域地质资料进行综合研究，由单井相到相剖面，再到沉积微相的平面展布，对不同微相特征进行统计分析，总结出划分沉积微相的量化标准，按照由点到线再到面的步骤进行了沉积微相的划分。

第二节　测井曲线直观指示相变的方法

自然电位在不含泥页岩的多孔隙地层中，SP 曲线偏离页岩基线的幅度大小与地层水含盐量和井中流体含盐量之差有关。对于淡水泥浆，对着含盐水地层的位置，SP 曲线向左偏移，即负方向偏移。在其他条件相同的情况下，纯砂岩的负方向偏移幅度最大，当砂岩中含泥质时，SP 幅度减小，减小的幅度大体上随泥质含量成正比，直至泥质含量为 100% 时，SP 曲线完全和基线一致。而当采用盐水泥浆时，含盐水地层的 SP 曲线很少或没有偏移，甚至可以出现反转，即方向正向方偏移。

砂泥岩沉积以及砂岩中泥质含量的多少与沉积环境密切相关。高能环境，由于强烈跌簸筛选，形成相对粒级较粗纯净砂岩，其 SP 曲线幅度高。低能环境，水流停滞，细粒泥质得以沉积，形成纯砂岩，其 SP 曲线与基线一致。因此，SP 曲线幅度的相对高低，可以判断砂岩中泥质含量的多少和沉积环境能量的强弱，进而利用 SP 曲线形态识别沉积相类型。常见的典型曲线形态有四种（表 2-1）：

表 2-1　曲线元(考查曲线段)形态与曲线斜率及其幅厚比关系(测井相)

曲线形态	曲线特征描述
钟形	曲线元分为两段,上段较陡,斜率大于 0;下段较平缓,斜率小于 0,因为开口太大,幅厚比一般较小
漏斗形	其形态与钟形基本相反,呈上缓下陡形,上段斜率大于 0,下段小于 0;幅厚比与钟形近似
箱形	曲线可以分为三段,上下两段平缓,斜率的绝对值近似相等,中间段较厚,且起伏不大,幅厚比一般较小
对称齿形	曲线元纵向近似对称,上下两段的都比较陡,斜率较大,且绝对值近似相等,幅厚比一般较大
反向齿形	曲线元可以分为两段,上段较平缓,下段较陡,幅厚比一般较大
正向齿形	曲线元可以分为两段,上段较陡,下段较平缓,幅厚比较大

（1）钟形曲线，底部突变接触，反映河道侧向迁移的正粒序结构，代表三角洲水下分流河道；

（2）漏斗形曲线，顶部突变接触，反映前积砂体的反粒序结构，代表三角洲前缘；

（3）箱形曲线，顶底界面均为突变接触，反映沉积过程中物源供给丰富和水动力条件稳定，代表潮汐砂体或废弃水下分流河道相；

（4）齿形曲线，反映沉积过程中能量的快速变化，它既可以是正齿形，也可以是反齿形或对称齿形，为河道侧翼，席状砂，分流间湾等微相。

上述曲线均为理想条件下的曲线形态，而当钻井位置靠近砂体边部时，其测井曲线与典型响应曲线相对形态会有相当大的变化，不过对经验丰富的解释人员来说，它们仍然可提供很有价值的资料。

自然伽马（GR）测井响应主要是地层的天然放射性，如钾同位素（K40）所引起。它们在黏土矿物中最常见，因而，泥页岩石呈放射性的，而砂岩倘若基本上是石英质的，则放射性要小得多。自然伽马曲线如同自然电位曲线一样，都反映垂向层序中砂岩和泥页岩的相对含量。GR 曲线随砂质的增多向左偏移表现为放射性降低，反映砂岩变粗，因为粒度变粗常伴随泥质含量减少。由于上述缘故，自然伽马曲线可以用于沉积分析，它的曲线形态所反映的沉积相类型和自然电位曲线所代表的基本一样（表 2-1）。

在沉积相研究中，自然电位和自然伽玛测井二者都是重要的，它们对砂泥岩都比较敏感，但是，还必须认识到这两种记录之间的差别。自然电位曲线的幅度除了地层水与泥浆滤液的盐度差和黏土含量之外，地层中流体类型和地层厚度也都有影响。自然电位曲线幅度在含盐水砂岩部位最高，而当地层含有烃类电阻率较高时，自然电位幅度降低。层厚影响也很明显，当厚度为2m薄层或更薄时，其幅度大大降低。此外，在粉砂和黏土的比值近于1/2或更低的地层中，自然电位曲线幅度趋近于零。自然伽马曲线幅度虽也受层厚影响，只是在厚度小于0.8m时，其影响才较大，而且它几乎不受间隙流体类型的影响。

在油田范围内用于井间对比时，自然电位和自然伽马曲线都能直观地指示相变，但对成岩作用强的胶结致密砂岩自然电位测井则无能为力，而自然伽马曲线仍可指示致密砂岩充分显示其优越性。为此，该区划分渗砂层必须以自然伽马、自然电位减小达较大幅度；若自然电位减小为较小幅度，则划分为致密砂。它们同时兼顾并突出自然伽马曲线的岩性特征和自然电位曲线的渗透性特征，有效地克服了单一测井曲线划分致密气藏储层及其评价渗砂能量厚度中的失误。

第三节 利用单渗砂层能量厚度研究有利优势沉积微相带的方法

不同水动力条件造成了不同环境下的沉积层序在粒度、分选、泥质含量等方面的特征，因而具有不同的测井曲线形态。它集中反映出的基本形态和特征包括最大单渗砂层能量厚度、幅度、形状、接触关系、次级形态等测井响应关系。利用多种测井响应提取单渗砂层沉积能量及其能量厚度信息，使其曲线幅度、厚度、形状、接触关系、次级形态等特征和数据大小能够集中反映相对高渗的单渗砂层最大沉积能量及厚度变化，确认出微相骨架砂体的发育、规模及分布范围，有效地克服了层段中几个成因相近薄砂层或砂泥互层中砂层累加厚度识别和划分主体骨架砂体微相带的失误。

一、单渗砂层能量厚度下限标准建立方法

以鄂尔多斯盆地苏里格气田为例，该区盒8、山1、山2主要发育辫状河三角洲平原和曲流河三角洲平原亚相及其相应微相，不同类型相带受沉积环境、岩性及其相带发育部位影响，其中三角洲分流河道心滩、边滩及其叠置河道微相沉积时期具有明显优势的水动力条件、物源供应能力、沉积速度变化及特征，它们控制着储层岩石物理性质的变化，反映出测井曲线具有足够的幅度、厚度和特有的形态、接触关系及圆滑程度。这种骨架砂体形成环境中最大的水动力因素作用产生的沉积能量，集中地反映为单渗砂层优势微相的能量厚度特征。

从而，可以利用测井响应提取单渗砂层优势微相带沉积能量厚度变化信息，反馈骨架砂体优势微相带储层重要成因标志和最大水动力因素作用结果，确认出三角洲分流河道心滩、边滩及其叠置河道有利微相带的发育、规模及分布范围，有效地克服层段几个成因相近薄砂层或砂泥互层中砂层累加厚度识别和划分主体骨架砂体优势微相带的失误。

采用测井资料和岩性、物性资料建立单渗砂层优势微相能量厚度的划分标准，利用自然电位、自然伽马、光电吸收截面指数、密度、中子、声波和岩性、孔隙度响应提取单渗砂层优势微相沉积能量及其能量厚度信息，并使数据大小能够反映所研究储层沉积能量和参数变

化，对其主要自然电位、自然伽马、光电吸收截面曲线采用纯砂岩、纯泥质测井响应归一化，称之为自然电位减小系数、自然伽马减小系数和光电吸收截面减小系数，密度、中子、声波测井确定下限并采用孔隙度变化范围归一化。分别对盒8、山1、山2取心鉴定的岩性、物性和试油确定的单渗砂层进行标定。

从而，准确而有效地控制有利储集砂体展布和特征，通过有利沉积微相带研究及有效储层和圈闭条件分析，在该区目的层段致密气藏中预测和筛选相对渗透的含气有利区域，为该区致密气藏增储上产提供了有利目标和重点层位及井区。

二、利用单渗砂层能量厚度划分优势微相带的方法

依据岩心和测井等资料进行定相制图时，鉴于所选用的时间具有较大的跨度，在此时间跨度内同一位置，可能有多个不同微相的沉积单元在垂向上迭置演化，编图时难以将各个微相均反映在同一位置上，所以选用所占地层厚度的最大单渗砂层能量厚度沉积微相单元，代表该片点的优势相进行编图。比如，反映砂体成因类型和发育程度好的优势相如辫状分流河道心滩有利沉积微相位置，往往是预测油藏含油有利区的重要分布范围。因此，利用单渗砂层能量厚度研究优势微相带展布是我们制作沉积微相展布图的核心工作。

沉积微相分布图是反映某一地质时期岩相古地理面貌和油气生、储、盖组合特征及其配置关系，是指示有利储集相带时空展布和演化规律的重要图件。在编制过程中我们在一般方法的基础上，从本区的实际情况出发，利用单渗砂层能量厚度提高其在勘探开发工作中的实用性。该区编制相图的基本思路是，图面简洁、清楚，储层相与非储层相突出，为此必须简化、整合单井相剖面与平面填图单元。

（一）制图微相单元的选择

制图单元的选择，以反映各种储集性能不同成因砂体为主，细分到微相，以充分反映可以作为储层的各类砂体的时空展布和演化规律。

（二）利用单渗砂层厚度及其砂层厚度、砂地比分析优势微相带分布

利用最大单渗砂能量厚度确定出目的层段优势微相带后，为提高不同微相边界位置的精度，编绘单渗砂层能量厚度和砂层厚度及砂地比等值线图，确定有利相带最合理的单渗砂能量厚度和砂层厚度、砂地比及单砂层厚度参数值及范围，划定各微相的单砂层厚度、砂层厚度及砂地比分布位置，求得各层段优势相最合理的参数及分布范围。

（三）绘制沉积微相平面展布图件

根据相邻微相最大单渗砂层厚度、最大单砂层、砂层厚度和砂地比关系离散图，确定出相邻微相分界及特征参数。具体方法步骤如下：

（1）在确定地层的平面图上，标明各井该时间单元地层的优势相与相应的最大单渗砂层能量厚度、砂层厚度、砂地比值，并做其等值线图；

（2）将所统计井中优势相一致的该时间单元地层用同一符号表示，并将其分别投入最大单渗砂层能量厚度、砂层厚度、砂地比及单砂层厚度值关系离散图中，并确定不同优势相在离散图中的主要分布范围；

（3）将离散图中两优势相分布区之间或重叠部分的井取出，用加权平均法或重心法求得最大单渗砂层能量厚度、砂层厚度、砂地比及单砂层厚度值平均值，然后取相邻规则数字作为划分两优势相边界地层参数；

（4）在已标出各井优势相分布范围与最大单渗砂层能量厚度、砂层厚度、砂地比值等值线图中，用上述图解法求得的优势相边界参数，标定各沉积微相单元之间最合理的分界线（在确定沉积微相单元边界时，最大单渗砂能量厚度、砂层厚度、砂地比值产生矛盾时，优先考虑与优势相拟合的最大单渗砂层能量厚度为主）。

第四节　实例分析与应用

基于上述提出的利用测井资料研究沉积微相的流程及方法，本节以苏里格东区为例，进行其各目的层段沉积微相研究，特别是利用单渗砂层能量厚度来划分该区致密砂岩气藏储层有利沉积微相的测井解释方法。

一、地质概况

鄂尔多斯盆地位于华北板块西缘，为一多构造体系、多旋回坳陷、多沉积类型的大型克拉通盆地。苏里格气田地处内蒙古自治区苏里格庙境内，位于伊陕斜坡西北侧，北到哈布哈乌素、南抵城川、东到陕 241 井—河南连线为界、西达查汗特洛亥，呈南北跨度的长条状，东西宽 62km，南北长 162km，面积约 $1 \times 10^4 km^2$。区内地表均为沙漠覆盖，地形起伏，相对高差 20m 左右，地面海拔一般 1330～1350m。苏东研究区位于苏里格气田东北侧，行政区划处于内蒙古自治区乌审召和陕西省榆林市境内，位于伊陕斜坡北部，略呈南北跨度小长条，东西宽约 40.5km，南北长约 48.5km，面积约 $1965 km^2$。

苏里格东区上古生界从下向上划分为上石炭统本溪组、下二叠统太原组和山西组、中二叠统下石盒子组和上石盒子组等。烃源岩发育在本溪组、太原组和山西组，工业性含气储层主要发育在下石盒子组和山西组，而盒 8、山 1、山 2 为主力含气目的层段。苏里格东研究区目的层段构造运动微弱，断层极少，地层以倾角不到 1°的微弱倾斜向西倾没，并在局部形成一些走向与区域倾斜基本一致的鼻状构造。通过对位于不同局部构造上井的统计，表明该区构造对砂体的有效储层无明显影响。

研究表明，研究区山西组—石盒子组沉积时期鄂尔多斯盆地为北高南低，物源方向主要为北部，由北向南依次发育冲积扇、河流、三角洲及湖相沉积，同时随湖泊的收缩与扩张在垂向上形成了多个旋回沉积。晚石炭到早二叠时期苏里格地区整体基本在水上，属河流相沉积，以曲流河和辫状河三角洲沉积体系为主。

该区天然气成藏以广覆式生气为特色，中粗粒石英砂岩（含部分岩屑石英砂岩）心滩、边滩是高效储层最为有利的储集空间，稳定的构造背景、砂岩致密性、非均质性有利于气藏聚集保存，单斜背景上大型岩性圈闭主砂带形成了最为主要的含气富集区，形成了十分优越的自生、自储、自盖为特色大型气藏及其高效开发的工业性气层。

二、沉积体系

沉积序列是沉积环境的综合反映，不同沉积条件（如古水深、陆源碎屑供给量、古气候等）的不同，出现不同的沉积序列。在该区岩心相标志、岩相类型、砂岩粒度特征研究及测井相分析基础上，结合物源方向研究成果与区域沉积背景分析，对不同层位沉积相进行了分析，认为研究区盒 8、山 1、山 2 段主要发育河流三角洲沉积体系序列。

山西组沉积期，鄂尔多斯盆地沉积环境由海相转变为陆相，受潮湿气候的影响，广泛发育湿地沼泽相沉积。至山西组山2、山1沉积期研究区为曲流河三角洲平原沉积环境，三角洲平原亚相又可分为分流河道（边滩、河道充填）、分流河道边缘（天然堤、决口扇）、分流河道间等微相。特点是垂向剖面上分流河道上部的细粒沉积物和其下部的砂质沉积同等发育，常见天然堤沉积，决口扇相对不发育；另外，分流河道间发育含煤及暗色碳质泥岩等细粒沉积的湖沼微相。

盒8下沉积期，由于北部蚀源区隆升的加剧，陆源碎屑供给更充足，地表冲积水系与径流发育，水动力条件加强，研究区主要为辫状河三角洲平原沉积，与山1段曲流河三角洲平原亚相的差别在于，由于河道较宽，水深较浅，呈现出多条水浅流急的网状或交织状分流河道沉积特征，分流河道沉积占绝对优势，分流河道间沉积相对不发育；由于分流河道的频繁改道致使在垂向剖面上形成多期河道砂体叠置的厚砂体。盒8辫状河三角洲平原亚相可进一步划分出分流河道（心滩、河道充填）、分流河道边缘（天然堤、决口扇）、分流河道间等微相。盒8上沉积期，水动力变弱，细粒沉积相对发育。大的沉积特征与山1类似，为曲流河三角洲亚相。

在该区岩心相标志、岩相类型、砂岩粒度特征研究及测井相分析基础上，结合物源方向研究成果与区域沉积背景分析，对不同层位沉积相进行了分析，认为研究区盒8、山1、山2段主要发育河流三角洲沉积体系序列。上古二叠系山2、山1、盒8划分为超高建设型辫状河三角洲沉积体系和湿地沼泽曲流河三角洲沉积体系。其中，盒8上、山1、山2发育曲流河三角洲沉积体系，盒8下发育明显的辫状河三角洲沉积体系（表2-2）。

表2-2　山2、山1、盒8段沉积相划分简表

相	亚　　相	微　　相	层　位
三角洲	曲流河三角洲平原	曲流河分流河道边滩、河道滞留充填、河道侧翼（天然堤、决口扇）、分流间湾（河间湖、泛滥平原及河道间）	盒8上、山1、山2
	辫状河三角洲平原	辫状河分流河道心滩、河道滞留充填、河道侧翼（天然堤、决口扇及决口河道）、分流间湾（河间湖、泛滥平原及河道间）	盒8下

苏里格东区盒8、山1、山2主要发育三角洲平原分流河道心滩及边滩骨架砂体有利沉积微相带，它们控制着储层岩石物理性质的变化。在鉴别和划分沉积相时，岩性、沉积构造、沉积韵律、粒度概率曲线、砂泥质含量分析、平面分布和测井相都是十分重要的划相特征。

三、沉积微相特征

（一）曲流河三角洲沉积体系微相特征

曲流河主要发育河道砂坝和河漫滩沉积。垂向上往往是河道砂质沉积与河漫滩细粒沉积之比接近于1，沉积层序正粒序性明显，具二元结构。砂体在剖面上为一系列完整的旋回反复叠置，由基底冲刷面向上，依次为滞留沉积、大中型板状交错层、平行层理及小型交错层理，坝顶常被河漫滩沉积覆盖（图2-2）。下部的河道砂坝沉积，以侧向加积为主，河道砂岩一般为中粗粒状。上部河漫滩沉积，以垂向加积为主，见各种虫孔构造，漫滩沼泽植物化石丰富。河漫滩沉积主要为泥岩、砂质泥岩、泥质粉砂岩夹粉砂岩，偶夹薄层细砂岩。粉砂岩具沙纹交错层，泥质岩含粉砂质纹层或植物根迹，二者常组成透镜状-波状复合层理呈频

繁互层产出，有时还可见到各种变形层理。依据研究区物源、沉积相标志的分析，认为研究区盒 8 上、山 1、山 2 期发育曲流河三角洲沉积，曲流河三角洲平原亚相具典型的二元结构，剖面上河道成因的粗粒沉积物厚度和分流间成因的细粒沉积物厚度大致相当。主要沉积微相有：分流河道边滩、河道滞留充填、河道侧翼（天然堤、决口扇）和分流间湾。

1. 边滩微相

边滩微相又称"点砂坝"或"内弯坝"，它在曲流河道的侧积作用下的侧向迁移中较为常见。其岩性一般以深灰色-灰黑色中-粗粒岩屑石英砂岩，部分为含砾中-细粒岩屑砂岩，矿物成分复杂，成熟度较低，不稳定组分较多，多显示为流速较急但流向较稳定的牵引流沉积环境特征。垂向上河道砂和河漫滩细粒呈正粒序沉积，单渗砂厚度 1.2～10.0m，连续叠置砂体可达 10.0m 以上，有效厚度相对孤立，表现为"泥包砂"的特征。即自下而上出现由粗变细的岩性韵律，呈二元结构，但常因侵蚀而保存的不完整。常见大型板状和槽状交错层理，其中作为边滩的标志性层理是向河心方向侧向迁移的大型板状交错层理。底部具河道冲刷-充填构造，与下伏泥岩或炭质泥质突变接触，可见植物碎片化石。单个边滩砂体自然电位、自然伽马（能谱）曲线呈"钟形"，多个边滩连续叠置呈"圣诞树形"，声波时差、中子孔隙度自下而上降低，密度和电阻率有所升高，显示明的二元结构特征（图 2-2）。

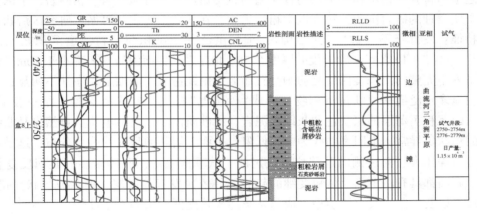

图 2-2　盒 8 上曲流河边滩微相沉积岩电关系特征图（T28 井）

2. 河道滞留充填微相

曲流河三角洲中的河道充填与曲流河侧积作用密切相关，在侧积作用下，河道的长度和弯曲率逐渐增加，而河床坡度减小，流速降低，因此，河道的泄水能力逐渐降低。在某一次洪水期，过量的河水冲破河湾截颈取直形成新的河道袭夺主流线位置，迫使原来高曲率的河道改道而成为废弃河道充填（牛轭湖），沉积物受水动力改造较弱，以不等粒的碎屑岩或泥质砂岩为主，自然电位、自然伽马曲线呈较低幅箱形或齿状低幅箱形。

3. 河道侧翼（天然堤、决口扇）微相

主要发育在曲流河三角洲沉积体系中，在辫状河三角洲沉积体系中一般不发育。河流在洪水期因水位较高，河水携带的细、粉砂级物质沿河床两岸堆积，形成平行河床的砂堤，称天然堤。它高于河床，并把河床与河漫滩分开。洪水期河水冲决天然堤，部分水流由决口流向河漫滩，砂泥堆积形成决口扇。天然堤两侧不对称，向河床一侧坡度较陡，每次随洪水上涨，天然堤不断加高，其高度范围与河流大小成正比，最大高度代表最高水位。天然堤主要由细砂岩、粉砂岩和泥岩组成，粒度较边滩沉积细，比河漫滩沉积粗。在垂向剖面上最突出的特点是砂、泥岩组成薄互层，下部砂岩中小型波状交错层理、沙纹层理非常发育，上部泥岩则发育水平纹层。由于天然堤平时出露地表，洪水期才间歇性淹没，故常含蒸发成因的钙质结核，泥岩中可见干裂、虫迹以及植物根化石等。随着河床迁移，天然堤随边滩不断扩大、增长，故天然堤沉积体呈一定宽度的带状分布，沿河床两侧呈弯曲的砂垄状。天然堤砂体发育有粒度变化范围有限的正粒序，往往直接覆盖在河道亚相的边滩砂体之上，自下而上岩性呈自然过渡关系，容易识别。

4. 分流间湾（河间湖泊）微相

分流间湾与河间湖、泛滥平原沉积岩性相同，含泥质多，具有相同的油气分离作用，处于相对开阔、低洼和常年积水部位，以接受洪水期漫流携带的泥质沉积为主。岩性主要为暗色泥岩、粉砂质泥岩夹炭质页岩、煤线和煤层组合。它比辫状河河间湖泊分布范围更加广阔，水体更深，更有利于植物生长而沼泽化。

（二）辫状河三角洲沉积体系微相特征

辫状河垂向剖面上通常呈不完整旋回彼此叠置的巨厚砂层产出。河道沉积位于河道基底冲刷面之上，常含滞留沉积。下部为具大型槽状交错层理含砾粗砂岩、粗砂岩，上部为具大型板状交错层理的砂岩沉积，粒度以中粗粒为主，在垂向上无规律可循。研究区辫状河沉积有如下特征：发育极不对称"二元结构"，细粒洪泛平原沉积与粗粒河道沉积之比大多在（0.1:1）~（0.5:1）之间，砂岩段的厚度在 20~40m 之间，而泥岩段大都小于 10m，砂岩一般由一系列不完整的沉积旋回反复切割叠置而成，由此造成了剖面上粒序性不明显；剖面上河道砂明显多于泛滥平原细粒沉积物，形成"砂包泥"特点，辫状河泛滥平原一般不发育，仅在河道间沉积了薄层的深灰色和灰绿色泥岩、粉砂质泥岩，自然电位、自然伽马曲线呈顶底突变的箱状负异常，电阻率曲线为中、低阻；平面上辫状河呈连片叠置分布，这是本区辫状河河道宽深比大、河道侧向迁移快所决定的。从垂向上看，砂体由多个旋回反复叠置而成，每个旋回都具有由下而上由粗变细的趋势，并依次发育粒序层、槽状或板状交错层理、平行层理，以及一些沙纹交错层理；成分及结构成熟度低，水动力条件强。

依据研究区物源、沉积相标志和测井曲线分析，认为研究区盒 8 下期发育辫状河三角洲平原沉积。辫状河三角洲平原主要包括辫状河道、河道侧翼和分流间湾等，并以辫状河道最具代表性，其二元结构不明显。其中，辫状河道可细分为心滩和河道滞留充填微相。

1. 心滩微相

该区盒 8 下段辫状河道大多数由心滩砂体连续叠置而成，平面上砂体呈弯曲的短条带或串珠状分布，剖面上常呈透镜状，单渗砂体厚度在 1.7~10.0m，而连续叠置砂体厚度可达 30~40m，表现为"砂包泥"特征（图 2-3）。底部一般发育底冲刷构造、截切充填构造和滞留砾岩，向上过渡为具大、中型槽状和板状交错层理，河道下切侵蚀能量和水动力能量强。岩性以中—粗粒岩屑石英砂岩、石英砂岩及岩屑砂岩。心滩的中—粗粒河道沉积与细粒洪泛沉积之比很大，且顶部一般缺少堤岸沉积，这是它与曲流河边滩沉积的重要区别。因此，心滩砂岩成分比边滩更为复杂，以成熟度低的长石石英砂岩为主，粒度变化范围大，且局部含细砾岩。心滩砂体自然伽马及能谱曲线呈高幅箱形或齿化箱形，声波时差、中子孔隙度较高，密度和电阻率较低，显示极不对称二元结构特征（图 2-3）。

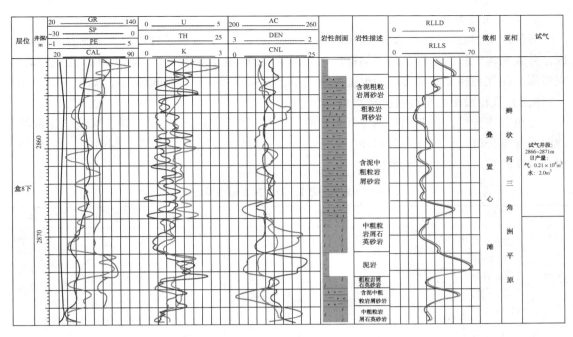

图 2-3　盒 8 下辫状河心滩微相沉积岩电关系特征图(T22 井)

2. 河道滞留充填(废弃河道)微相

由于辫状河道的改道或主水流流向的改变,呈现出多条水浅流急的网状或交织状分流河道砂体,部分(废弃)河道仅在洪水期接受沉积,且沉积物受水动力改造较弱,以不等粒的碎屑岩或泥质砂岩为主,沉积构造以块状层理、粒序层理为主;与强水流的心滩相比,由于常年被水淹没,以接受洪水期悬移沉积为主,非常适宜动物、植物生存的低能环境,易于沼泽化,砂层较薄,岩性多为暗色粉砂岩、不等粒碎屑岩与炭质岩、页岩的薄互层为主,局部夹有黑色炭质泥、页岩和薄煤层或煤线。自然电位。自然伽马为中低幅度箱形、指形和细齿形。

3. 河道侧翼(天然堤、决口扇及决口河道)微相

天然堤、决口扇及决口河道形成河道边缘堤岸沉积,如果天然堤不被破坏,河床随沉积物迅速增厚而升高,最后反而高出河道两侧的河漫滩。洪水期河水冲决天然堤,部分水流由决口流向河漫滩,砂、泥物质在决口处堆积成扇形沉积体,称为决口扇。当冲破水下天然堤后由于地势影响,往往形成宽而浅的决口扇河道沉积,它是连接决口扇和河道的通道,当地势起伏不是很大时决口河道一般不发育。决口扇沉积主要由细砂岩、粉砂岩组成。粒度比天然堤沉积稍粗。具小型交错层理、波状层理及水平层理,冲蚀与充填构造常见,常夹有河水带来的植物化石碎片。岩体形态呈舌状或扇状,向泛滥平原方向变薄、尖灭,剖面上呈透镜状。在垂向剖面上,决口扇砂体大多数具有不明显的逆粒序,多数以直接覆盖在泛滥平原之上为区别它与天然堤沉积的主要标志。

辫状河道具多河道、河床坡降大、宽而浅、侧向迁移迅速的特点。河道迁移迅速,稳定性差,所以决口扇在辫状河三角洲一般不发育。但在苏里格地区盒 8 晚期由于辫状河道具有明显的曲流河的沉积特征,这一时期三角洲平原的决口扇仍有少量分布。

4. 分流间湾微相

分流间湾为心滩和河道充填微相所夹的细粒沉积，主要由粉砂岩或粉砂质泥岩夹泥岩组成，分流间湾沉积所占辫状河正韵律沉积旋回单元的厚度比例很小。其测井曲线为典型的低幅齿形，往往与相邻的钟形或箱形呈突变关系，为识别辫状河分流间湾的标志。

（三）沉积微相主要特征分析对比

通过上述分析，在鉴别和划分沉积相时，岩性、沉积构造、沉积韵律、粒度概率曲线、砂泥质含量分析、平面分布和测井相都是十分重要的划相特征，它们在不同微相上都有各自明显的反映和恰当的匹配关系（表2-3）。

表2-3　盒8、山1、山2沉积微相特征表

微相	岩性	岩石结构	沉积构造	沉积韵律	粒度概率曲线	平面分布	测井相
心滩	以灰-灰白色中-粗粒石英岩屑砂岩为主，含粗碎岩屑	岩石颗粒以中、粗粒为主，颗粒磨圆度呈次圆状，分选中等，杂基含量低	多发育以块状层理、平行层理、板状交错层理	岩性剖面不明显的正旋回特征	为典型的两段式，以跳跃总体为主，含量较高，跳跃总体斜度较大	主要分布在辫状河河道中部	自然电位、自然伽马减小幅度较大，曲线多为高幅齿状箱型
边滩	以深灰色-灰黑色中-粗粒岩屑石英砂岩和岩屑砂岩为主，含较粗粒碎屑	岩石颗粒以中、粗粒为主，颗粒磨圆度中等，杂基含量较低	以块状层理、板状交错层理、平行层理等层理类型为主	岩性剖面呈现明显的正旋回特征	为典型两段式，缺乏牵引总体，以跳跃总体为主，含量较高，跳跃总体斜度较大	分布在曲流河弯曲部位靠河道内侧部位	自然电位、自然伽马减小呈较高幅钟型
河道滞留充填	中粗粒岩屑石英砂岩，含细、中、粗粒杂砂岩	岩石颗粒以细、中、粗粒为主，颗粒磨圆度中等到较差，分选中等到较差，杂基含量增高	以块状层理、粒序层理为主	底部岩性粗，顶部沉积泥岩标志一个旋回的结束（多个正韵律叠置或单一旋回正韵律）	具有混合段的三段式：即跳跃总体与悬浮总体具有明显的渐变关系	分布于辫状河道和曲流河道中	自然电位、自然伽马减小呈低幅的箱型或齿状箱型
河道侧翼（天然提决口扇）	岩屑石英砂岩、岩屑砂岩、细、中、粗粒杂砂岩	岩石颗粒以细粒为主，颗粒磨圆度中等到较差，分选较差，杂基含量高	以小型波纹层理、交错层理、水平层理为主，有时具块状层理和变形层理	向上变细变薄的正韵律或向上变粗再变细的全韵律特征	以二段式和跳跃总体为主，粒度偏细	沿河道侧翼分布，天然堤处于分流河道与分流间湾之间，决口扇可延伸到分流间湾	中-低幅度指形或多个指形呈台阶状叠置，常呈较低幅、较窄齿形变化
分流间湾	黑色泥岩为主，夹泥质粉砂岩、粉砂岩，常组成薄互层	以粉砂岩或粉砂质泥岩夹泥岩，泥质杂基含量很高	小型水平层理及波状层理为主，有时见小型交错层理	韵律不明显		一系列尖端指向上游的小面积泥质楔形体，位于分流河道堤岸沉积外侧	以线状或微齿状

从表 2-3 中可以看出，岩性、粒度、岩石构造、分选性、沉积构造、垂向序列、砂体的形态及分布等都是重要的成因标志。这些成因标志是各种沉积环境中水动力因素作用的结果，同时水动力条件控制着岩石物理性质的变化，如地层导电性、自然放射性、声波传导等。测井曲线正是各种物理性质沿井孔深度变化的物理响应，以此建立起取心井准确的岩电关系，进而推广至非取心井，反推出非取心井储层特征。从而，可以利用测井曲线形态有效地反馈上述成因标志在纵、横方向上的变化，为识别沉积相提供有价值的基本测井曲线和渗砂体能量厚度特征，并成为一种有效识别沉积相的途径。

四、利用单渗砂能量厚度控制划分心滩、边滩及其河道滞留叠置骨架砂体

苏里格东区盒 8、山 1、山 2 主要发育三角洲平原分流河道心滩、边滩及其河道滞留叠置骨架砂体有利沉积微相带，它们在测井曲线上反映单渗砂层能量厚度有各自不同的响应，控制着储层岩石物理性质的变化，反映出测井曲线具有的幅度、厚度及其特有的形态、接触关系与圆滑程度。这种沉积环境中较大的水动力因素作用形成的沉积能量，集中地反映出单渗砂层能量厚度特征。因此，利用各种测井资料精细评价单渗砂层能量厚度，以小层最大单渗砂层厚度反映出的优势微相带沉积能量代表整个小层能量。利用多种测井响应提取单渗砂层沉积能量厚度信息，以它们足够的单渗砂层厚度反馈骨架砂体微相带储层重要成因标志和最大水动力因素作用结果，并使数据大小能够明显反映所研究储层沉积能量和参数变化，有效地划分出三角洲平原分流河道心滩、边滩及其河道滞留叠置骨架砂体有利微相带的发育、规模及分布范围。

采用测井资料和岩性、物性资料建立单渗砂层优势微相能量厚度的划分标准，利用自然电位、自然伽马、光电吸收截面指数、密度、声波、中子和岩性、孔隙度响应提取单渗砂层优势微相沉积能量及其能量厚度信息，并使数据大小能够反映所研究储层沉积能量和参数变化，对其主要自然电位、自然伽马、光电吸收截面曲线采用纯砂岩、纯泥质测井响应归一化，称之为自然电位减小系数、自然伽马减小系数和光电吸收截面减小系数，密度、声波、中子测井确定下限并采用孔隙度变化范围归一化。分别对盒 8、山 1、山 2 取心鉴定的岩性、物性和试气确定的单渗砂层进行标定。自然电位减小系数及其幅度延伸大小反映单渗砂层沉积能量厚度和水动力作用强弱，自然伽马及光电吸收截面减小系数幅度延伸大小可以反映单渗砂层岩性厚度和泥质含量；密度、声波、中子变化幅度及幅度延伸大小也反映单渗砂层沉积能量厚度及水动力作用。它们组合起来，可以明显划分单渗砂层优势微相能量厚度，圈定有利沉积微相带。

表 2-4 是该区盒 8、山 1、山 2 统计建立的单渗砂层优势微相能量厚度下限标准，其中，心滩自然电位减小系数下限 0.40，自然伽马减小系数下限 0.85，光电吸收截面减小系数下限 0.65，密度下限 2.51g/cm^3，声波时差下限 $235 \mu \text{s/m}$，中子孔隙度下限 14.5%，孔隙度下限 8%，渗透率下限 $0.6 \times 10^{-3} \mu \text{m}^2$，微相带能量厚度下限 1.7m。边滩自然电位减小系数下限 0.35，自然伽马减小系数下限 0.77，光电吸收截面减小系数下限 0.61，密度下限 2.54g/cm^3，声波时差下限 $225 \mu \text{s/m}$，中子孔隙度下限 13.5%，孔隙度下限 7%，渗透率下限 $0.4 \times 10^{-3} \mu \text{m}^2$，微相带能量厚度下限 1.5m。河道滞留充填微相自然电位减小系数下限 0.30，自然伽马减小系数下限 0.69，光电吸收截面减小系数下限 0.53，密度下限 2.63g/cm^3，声波时差下限

$220\mu s/m$，中子孔隙度下限 13.2%，孔隙度下限 6%，渗透率下限 $0.1\times10^{-3}\mu m^2$。

表 2-4　单渗砂层优势微相带能量厚度下限标准

有利微相	自然电位减小系数	自然伽马减小系数	光电吸收截面减小系数	密度/(g/cm^3)	声波时差/($\mu s/m$)	中子孔隙度/%	孔隙度/%	渗透率/$10^{-3}\mu m^2$	能量厚度/m
心滩	≥0.40	≥0.85	≥0.65	≤2.51	≥235	≥9.5	≥8	≥0.6	1.7
边滩	≥0.35	≥0.80	≥0.61	≤2.54	≥225	≥8.7	≥7	≥0.4	1.2
滞留充填	≥0.30	≥0.69	≥0.53	≤2.63	≥220	≥7.3	≥6	≥0.1	—

图 2-4 中 Z52 井在该区盒 8 下期发育的辫状河三角洲平原亚相中，利用单渗砂层能量厚度下限在盒 8 下评价出叠置心滩有利沉积微相带，叠置砂层厚度 30m，单砂层厚度 16m，单渗砂能量厚度 9m，形成了一个能量厚度较大的辫状河三角洲平原分流河道心滩微相的有效储集砂体展布(图 2-4)。通过该心滩骨架砂体有效厚度段射孔试气，日产气量 $2.86\times10^4m^3$，明显反映出利用测井曲线异常幅度下限划分单渗砂层能量评价有利沉积微相带的有效性。

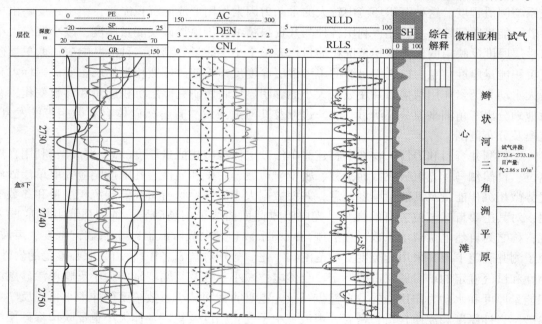

图 2-4　Z52 井盒 8 下辫状河三角洲沉积微相典型曲线图

图 2-5 中 Z80 井在山 1 期发育的曲流河三角洲平原亚相中，利用单渗砂层能量厚度下限在山 1 评价出单渗砂能量厚度 3.1m，形成了一个能量较小的曲流河三角洲平原分流河道边滩微相的有效储层发育部位。通过该边滩骨架砂体有效厚度段射孔试气，日产气量 $2.54\times10^4m^3$，从而有效地识别出目的层段有利沉积微相带及其有效储集砂体展布。

五、利用单渗砂能量厚度控制划分单井相序

单井相序的配置能很好地反映地质历史时期沉积相带的演化发展序列。不同相带的垂向叠加组合直观地反映了单井点沉积环境的变迁，是沉积水动力环境的直接产物。单井的相序组合能更好地反映出单个井点位置上的沉积环境的变化，它不同于沉积微相的平面分布特

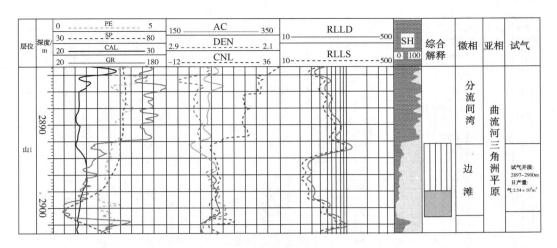

图 2-5　Z80 井山 1 曲流河三角洲沉积微相典型曲线图

征。沉积微相的平面分布特征实际反映的是一定地层单元的沉积相的综合。受地层划分单元厚薄和大小的影响，往往代表的是几个或多个沉积单元的沉积相环境的总和。因此说，单井相序的组合分析更加准确地反映了相带的演化。

岩心相分析是沉积微相研究的基础，是通过岩心观察、描述和分析研究反映各种沉积特征的相标志，建立标准微相柱状剖面。特别是根据单井相剖面与测井曲线的对应关系分析测井相模式，建立单砂体能量厚度划分有利沉积微相带的分析方法（单渗砂体厚度至少在 1.5 以上的曲线特征），再根据取心井的测井相模式对非取心井进行测井相类比与分析，进而建立相带展布连井剖面和平面特征及变化规律。对区内 Z69 井进行了详细岩心观察、描述、岩石相、测井相描述研究，分别对其目的层段开展单井相序组合分析。

Z69 井位于研究区北部，该井盒 8 下主要发育辫状河三角洲平原亚相，其主要沉积微相为辫状河道叠置心滩。盒 8 上、山 1、山 2 期主要发育曲流河三角洲平原亚相，其主要沉积微相有曲流河道边滩、河道滞留充填、河道侧翼和分流间湾微相（分流间洼地、沼泽）。

该井盒 8 上期发育曲流河三角洲平原分流间洼地、沼泽及分流间湾微相沉积。盒 8 下期发育辫状河道叠置心滩微相沉积，岩性以中—粗粒砂岩为主，连续叠置砂层厚度在 30m 以上，单砂层厚度在 20m 以上，以单渗砂层厚度为 2~3m 为中心 2~3 个砂体叠置巨厚砂层产出，测井曲线显示为较高幅叠置齿状箱形。反映盒 8 下叠置心滩中发育少量以泥岩、砂质泥岩为主的隔夹层，造成剖面上粒序性不明显。但剖面上河道砂体明显多于间湾细粒沉积物，形成"砂包泥"产出特征。

该井山 1 期测井曲线总体上反映单渗砂能量厚度较大的分流河道边滩、河道滞留砂体和分流间湾微相沉积。山 1 期中下部分别发育分流河道边滩和河道滞留充填沉积微相，中部边滩叠置砂层厚度可达 15m，单渗砂能量厚度达 6m。下部河道滞留砂体岩性较粗，砂体厚度约 5.5m，测井曲线呈齿状钟形，河道滞留砂体和叠置边滩测井曲线总体呈圣诞树形。

该井山 2 期岩心和测井曲线表现为多个韵律体单砂层厚度变化的无序组合，说明该期曲流河分流河道侧向迁移频繁，主要发育了分流河道侧翼和分流间湾微相。不同沉积时期的分流河道侧翼被以泥质为主的分流间湾分隔，自下而上岩性有变细的趋势，测井曲线较高幅度齿形或锯齿形变化，形成了该期测井曲线总体呈中值齿状河道侧翼和呈高值齿状变化的分流间湾微相沉积（图 2-6）。

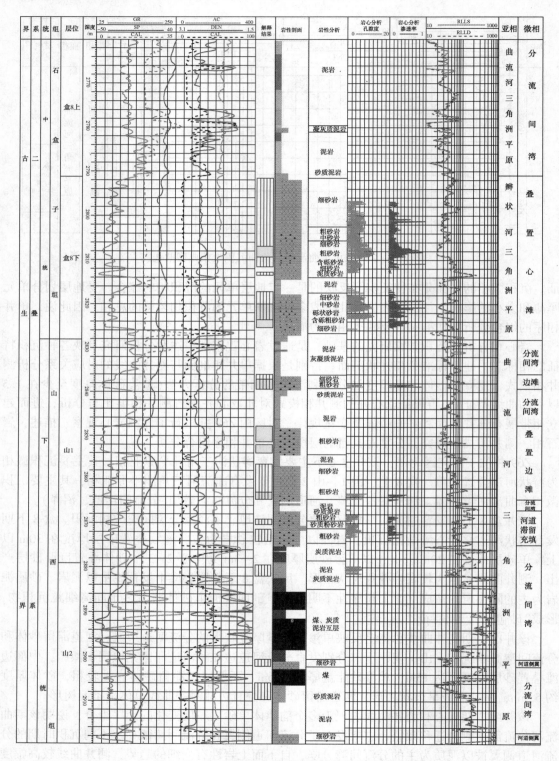

图 2-6　Z69 井单渗砂能量厚度划相单井剖面图

六、利用单渗砂能量厚度控制划分连井微相剖面

单井相序组合反映出单个井点位置上的沉积环境变化，连井微相剖面分析可以充分利用测井资料进行对比，建立各邻井剖面的相序关系，确定沉积微相在二维空间的展布特征，从而可以直观反映出相带的空间组合和发育特征。为此，在上述单井相分析基础上，结合相模式的空间展布规律，分别沿古河道和横切古河道方向制作两条相剖面图（Z64 井–T21 井和Z52 井–T23 井），基本控制了该区沉积微相带变化。

（一）Z69 井–T22 井盒 8、山 1、山 2 期沉积微相剖面图

该沉积微相剖面基本上纵穿本区物源方向，自北向南方向宏观顺沿古河道方向，依次经过 Z69 井–Z51 井–SD6–71 井–Z80 井–SD15–80 井–SD20–73 井–T27 井–T22 井。从剖面上看，各研究层位砂体沿河道叠置连片，以盒 8 下辫状河道砂体较为发育，它们的砂层厚度平均 21.8m，砂地比平均 60%，最大单渗砂平均 4.1m，可形成较大范围分布的连片河道砂体，表现出明显的"砂包泥"的特征。山 2、山 1、盒 8 上为曲流河道砂体发育，河道砂体规模明显变小，表现为"泥包砂"的特征（图 2–7）。

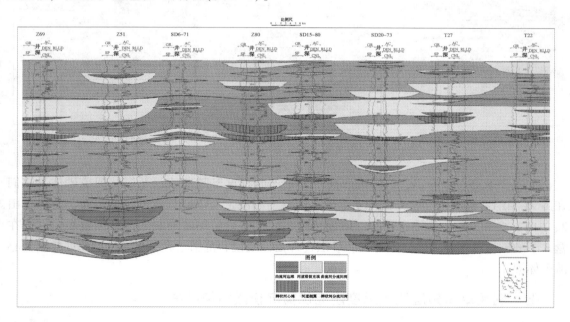

图 2–7　Z69 井–T22 井盒 8、山 1、山 2 期沉积微相剖面图

从图 2–7 可以看出，该区由北向南跨越 2 条分流河道砂体，它们在山 2、山 1、盒 8 下、盒 8 上期单渗砂层在边滩、心滩上有不同程度的连片延伸展布。总体在山 2、山 1、盒 8 上砂体厚度和砂地比较小，单渗砂层厚度控制边滩分布发育展布。而在盒 8 下砂层厚度和砂地比增大，砂层连片延伸分布规模和范围大，单渗砂层厚度控制心滩分布发育展布。

（二）Z31 井–T23 井盒 8、山 1、山 2 期沉积微相剖面图

该沉积微相剖面基本横穿本区物源方向，自西向东横切古河道方向，依次经过 Z31 井–SD13–61 井–Z3 井–Z80 井–SD13–89 井–T23 井。从剖面上看，各层位砂层赋集相对孤立。

总体以盒 8 下层砂层较为发育，它们的砂层厚度平均 17.7m，砂地比平均 49%，最大单渗砂平均 3.4m，砂体分布富集规模和范围较大；盒 8 上、山 1、山 2 砂层厚度较小，单渗砂层厚度变小，砂地比明显减小。它们分别反映该区辫状河平原中"砂包泥"特征和曲流河平原中"泥包砂"特征(图 2-8)。

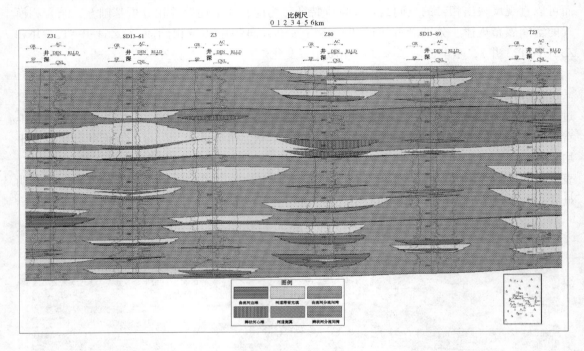

图 2-8　Z69 井单渗砂能量厚度划相单井剖面图

从图 2-8 亦可以看出，该区由西向东分别不同程度穿越曲流河及辫状河道砂体，它们在山 2、山 1、盒 8 下、盒 8 上期单渗砂在边滩、心滩上有不同程度的延伸展布。总体在山 2、山 1、盒 8 上的砂层厚度较小，砂地比较小，单渗砂层厚度控制边滩砂体展布。它们在盒 8 下的砂层厚度增大，砂地比大，砂层连片延伸规模和范围增大，单渗砂层厚度控制其心滩砂体展布。

七、利用单渗砂层能量厚度研究优势沉积微相带展布

根据利用单渗砂层能量厚度划分优势微相带的方法中的制图原则和思路，先后绘制了盒 8 上、盒 8 下、山 1、山 2 四个层段最大单渗砂层厚度等值图、砂层厚度等值图、砂地比等值图，结合单砂层厚度、单井相序、剖面微相特征及测井数据，绘制出各层段沉积微相平面展布图。通过研究，不同层位的单井优势相与单渗砂层厚度、砂层厚度、砂地比和单砂层厚度具有明显的相关性，特别是单渗砂层最大能量厚度控制划分最为有利微相带，具有明显标志。以盒 8 上与盒 8 下为例，其最大单渗砂层厚度等值图、砂层厚度等值图、砂地比等值图如图 2-9~图 2-14 所示。

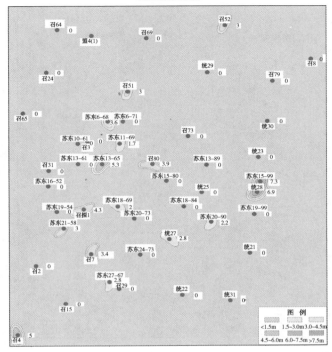

图2-9　盒8上单渗砂层厚度等值线图

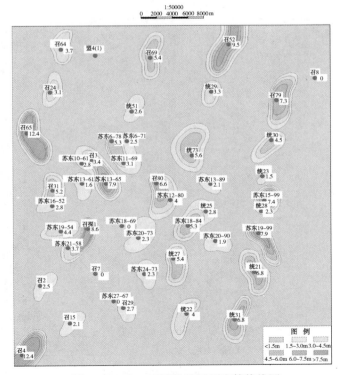

图2-10　盒8下单渗砂层厚度等值线图

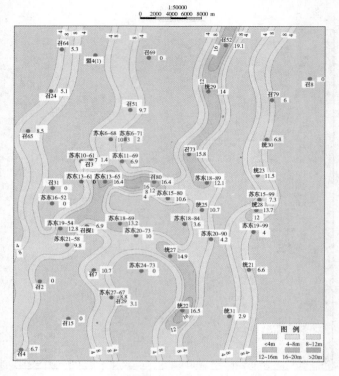

图 2-11　盒 8 上砂层厚度等值线图

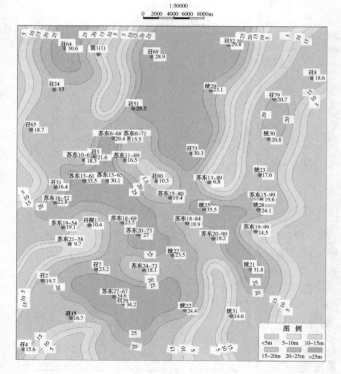

图 2-12　盒 8 下砂层厚度等值线图

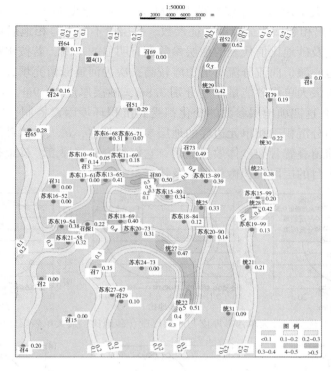

图 2-13 盒 8 上砂地比等值线图

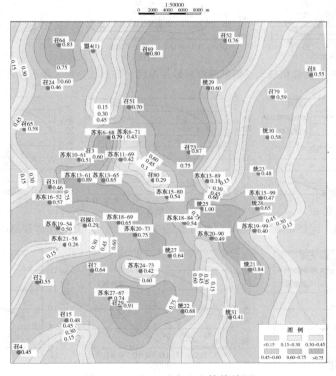

图 2-14 盒 8 下砂地比等值线图

根据相邻微相最大单渗砂层厚度、最大单砂层、砂层厚度和砂地比关系离散图(图2-15~图2-18),确定出相邻微相分界及特征参数。各层段不同优势相地层单位最大单渗砂层能量厚度、砂层厚度及砂地比值代表的地层参数都有明显的范围,若按水动力条件由强到弱排序,辫状分流河道心滩、曲流分流河道边滩较高,次为河道滞留充填、天然堤、决口扇较低,如盒8上层边滩最大单渗砂能量厚度分别3.8m,砂层厚度10.9m,砂地比0.33,单砂层厚度7.5m。显然,这四项地层参数的变化都受到沉积环境因素控制,作为指示沉积环境水动力条件指标和划分沉积微相单元边界的地层参数。其中,最大单渗砂层能量厚度划分心滩、边滩及其河道滞留叠置骨架砂体效果显著。它们结合砂层厚度、砂地比、单砂层厚度可以有效圈定划分该区目的层段沉积微相展布及特征。

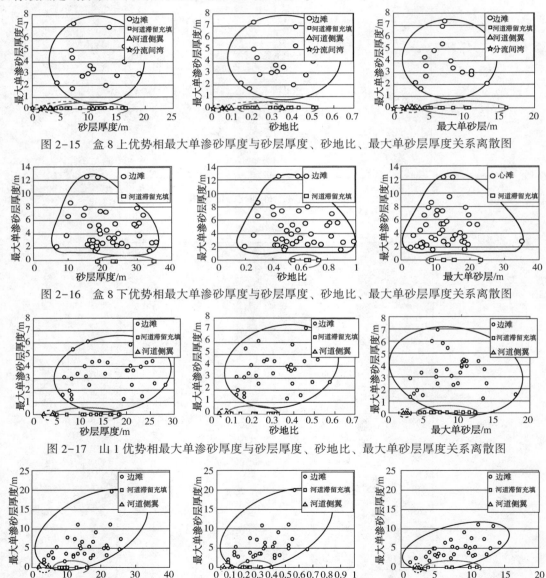

图2-15 盒8上优势相最大单渗砂厚度与砂层厚度、砂地比、最大单砂层厚度关系离散图

图2-16 盒8下优势相最大单渗砂厚度与砂层厚度、砂地比、最大单砂层厚度关系离散图

图2-17 山1优势相最大单渗砂厚度与砂层厚度、砂地比、最大单砂层厚度关系离散图

图2-18 山2优势相最大单渗砂厚度与砂层厚度、砂地比、最大单砂层厚度关系离散图

利用不同时期的最大单渗砂层能量厚度、单砂层厚度、砂层累计厚度、砂地比，结合单井相序、剖面微相特征，研制各层段沉积微相平面展布图件(图2-19、图2-20)。盒8下沉积期由于盆地北部物源区快速隆升，陆源碎屑物质供给更为充足，地表冲积水系与径流发育，水动力条件增强，研究区主要发育辫状河三角洲平原沉积。该辫状河三角洲平原与山1段曲流河三角洲平原亚相相比，河道增宽，水深较浅，水流能量波动变化迅速和河底负载沉积物比例增大，河道冲刷加剧，分流河道频繁改道或发生冲裂作用，由北向南呈现出3条水浅流急的网状或交织状分流河道沉积特征，分流河道沉积占绝对优势，河道带宽度10~15km，河道交汇受分流河道控制砂体大面积连片分布，河道宽度和厚度增大，宽度可达30~40km，厚度一般20~30m，局部可达35m以上。心滩砂体宽度变化大，一般3~5km，沿河道延伸4~8km，最长延伸在10km以上，单渗砂层厚度可达10m(图2-19)。该层段总体反映河道砂体分布规模和范围增大，砂地比值明显增大，分流间湾及分流间细粒沉积物减少，表现为辫状河平原"砂包泥"的特征。

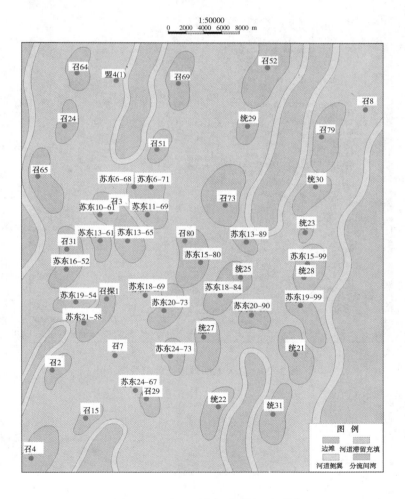

图2-19　盒8下期沉积微相平面图

　　盒8上段沉积期由于陆源碎屑物质供给减少，水动力条件减弱，研究区再度表现为曲流河三角洲沉积特征。盒8上砂体受低弯度曲流河道控制，河道摆动受限，研究区由北向南又呈现4条分流河道，总体呈条带状展布，局部边滩微相发育。其河道带宽度2~4km，砂体厚度一般在10m左右。边滩砂体宽1~2km，沿河道延伸2~3km，单渗砂层厚度1.7~7.3m（图2-20）。该层段总体反映河道砂体分布规模和范围明显减小，砂地比值减小，分流间湾及分流间细粒沉积物增多，表现为曲流河平原"泥包砂"的特征。

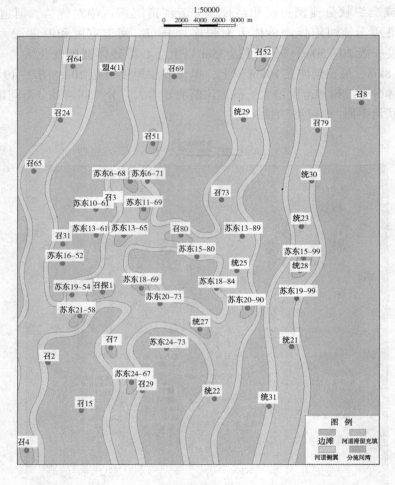

图2-20　盒8上期砂地比等值线图

第三章　致密砂岩气藏成岩储集相测井解释技术

对于致密砂岩、碳酸盐岩、火山岩等深部储集层，成岩作用最终决定着储层的储集性能。目前，在油气勘探开发中控制着储集层发育和分布关键的成岩作用和成岩储集相成为研究重点又是难点。对于成岩储集相的定量分类需要大量的岩心化验资料综合分析，利用成岩储集相研究有利储集成因单元平面分布则需要更为充足的岩心数据信息，但油气田勘探开发中这些资料十分有限，因此有必要把测井所采集的大量信息，系统、有序地转化为分类成岩储集相致密气识别评价的实用方法。鉴于利用岩心分析化验资料识别评价成岩储集相的局限性，建立了成岩储集相测井多参数定量分类综合评价指标体系及其综合评价方法，实现了利用测井资料定量综合评价划分致密气藏成岩储集相及其优质储层"甜点"，从而提高了该区致密气藏含气有利区的分布规律、延伸方向及非均质性特征的认识，为致密气藏增储上产提供了有利目标和井区。

第一节　致密砂岩气藏储层成岩过程中孔隙演化分析方法

碎屑在沉积作用下堆积成砂体，尚不能称为砂岩，因为还未固结成岩。这些砂体只有在埋藏以后，随着热、压条件的变化，在漫长的地史时期，在各种地质应力的作用下，逐渐固结成岩。在其成岩过程中，流体与岩石相互作用，致使组成岩石的矿物成分、矿物颗粒之间的孔隙形态、含量、连通性都会发生较大的变化，从而导致储层的储集能力、渗透性能发生较大的变化，对油气藏的形成起到决定性的作用。

一、储层成岩过程中孔隙度演化

沉积物进入埋藏成岩阶段，其储集空间的再分配主要受各种成岩作用控制。沉积物本身的内在特征也不同程度地制约着成岩作用的发生和发展，进而影响着孔隙的演化，区块大量样品的物性分析及薄片镜下鉴定统计为定量研究孔隙演化提供了依据。

（一）未固结砂岩

未固结砂岩初始孔隙度（ϕ_1）（湿砂在地表条件下的分选系数与孔隙度的关系）（Scherer，1987；Beard and Weyl，1973）：

$$\phi_1 = 20.91 + 22.90/S_o \qquad (3-1)$$

式中　S_o——特拉斯克分选系数 $[Trask = (Q_1/Q_3)^{1/2}]$；

　　　Q_1——第一四分位数，即相当于 25% 处的粒径大小；

　　　Q_3——第三四分位数，即相当于 75% 处的粒径大小。

（二）压实、压溶后砂岩

恢复压实后砂岩剩余粒间孔隙度主要用于评价压实作用对原生粒间孔的破坏程度。压实后剩余粒间孔隙度（ϕ_2）可根据胶结物含量，粒间孔、溶蚀孔的面孔率与物性分析孔隙率与物性分析孔隙度的关系求得。这里需要说明的是对于现今孔隙中的胶结物溶孔，其形成过程是先形成胶结物，后期溶蚀是对胶结物的溶蚀，胶结物溶孔所占有的空间是砂岩压实后剩余粒间孔的一部分。

$$\phi_2 = \frac{粒间孔面孔率+胶结物溶孔面孔率}{总面孔率} \times 物性分析孔隙度 + 胶结物含量 \tag{3-2}$$

式中　胶结物含量——样品岩矿分析的胶结物百分含量，%；

　　物性分析孔隙度——样品进行物性分析所得到的孔隙度值，%。

$$压实损失孔隙度 = \phi_1 - \phi_2 \tag{3-3}$$

$$压实孔隙度损失率 = (\phi_1 - \phi_2)/\phi_1 \tag{3-4}$$

（三）胶结、交代后砂岩

砂岩压实、胶结、交代后的剩余粒间孔隙度（ϕ_3）即为物性分析孔隙度中粒间孔隙所具有的孔隙度。

$$\phi_3 = \frac{粒间孔面孔率}{总面孔率} \times 物性分析孔隙度 \tag{3-5}$$

$$胶结、交代损失孔隙度 = \phi_2 - \phi_3 \tag{3-6}$$

$$胶结、交代孔隙度损失率 = (\phi_2 - \phi_3)/\phi_1 \tag{3-7}$$

（四）溶蚀作用的次生孔隙度

次生孔隙度（ϕ_4）是指总储集空间中溶蚀孔所占据的那部分储集空间。

$$\phi_4 = \frac{溶蚀孔面孔率}{总面孔率} \times 物性分析孔隙度 \tag{3-8}$$

二、储层成岩演化及其影响分析

以苏里格东区成岩过程中孔隙演化分析为例，由区块盒8、山1段321个样品物性分析及储集空间鉴定结果（表3-1），取平均值沿上述进行孔隙度演化分析推演，提出区块各成岩阶段孔隙度演化模式。

表3-1　苏里格东区盒8、山1段储集空间类型统计表

层位	井数/口	样品数/个	粒间孔/%	粒间溶孔/%	长石溶孔/%	岩屑溶孔/%	晶间孔/%	微裂隙/%	面孔率/%
盒8上	22	48	0.39	0.04	0.02	1.16	0.56	0.02	2.21
盒8下	41	171	0.29	0.17	0.16	0.87	0.45	0.03	1.96
山1	31	102	0.11	0.09	0	0.6	0.57	0.02	1.39
平均值	63	321	0.25	0.12	0.09	0.83	0.51	0.02	1.82

以该区盒8上段为例，初始孔隙度计算39.81%（特拉斯克分选系数1.24），压实后剩余孔隙度15.81%，压实损失孔隙度为23.57%，压实过程孔隙度损失率为59.86%。该盒8上段储层早期胶结后剩余孔隙度1.91%，早期胶结造成13.90%孔隙度损失，早期胶结孔隙度损失率为35.30%。后期的溶蚀作用贡献了9.43%的孔隙度。溶蚀后，发生晚期胶结又造成2.10%孔隙度损失，后期胶结孔隙度损失率为5.33%。为此，计算盒8上目前孔隙度10.81%，其中原生孔隙度1.91%，占总孔隙度的17.67%；次生孔隙度8.90%，占总孔隙度的82.33%。表3-2、图3-1列出该区盒8上、盒8下、山1段成岩过程孔隙度演化模式图表。

表3-2　苏里格东区致密砂岩气藏储层成岩过程孔隙度演化分析表

层位	岩心分析孔隙度/%	岩心分析渗透率/$10^{-3}\mu m^2$	岩心分析面孔率/%	初始孔隙度/%	压实损失孔隙度/%	压实损失率/%	胶结损失孔隙度/%	胶结损失率/%	溶蚀增加孔隙度/%	晚期胶结损失孔隙度/%	晚期胶结损失率/%
盒8上	10.81	1.49	2.21	39.38	23.57	59.86	13.90	35.30	9.43	2.10	5.33
盒8下	9.48	0.78	1.96	39.38	23.11	58.68	14.87	37.76	10.06	2.00	5.08
山1	8.73	0.43	1.39	39.38	24.12	61.25	14.57	37.00	10.09	2.05	5.21
平均	9.67	0.90	1.85	39.38	23.60	59.93	14.45	36.69	9.86	2.05	5.21

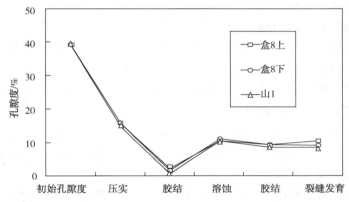

图3-1　苏里格东区致密砂岩气藏储层成岩过程孔隙度演化模式图

第二节　致密砂岩气藏储层成岩储集相分类特征

成岩储集相能够较全面描述影响储层性质的几种成岩作用和特有储集空间的组合，它是对储层的沉积学、岩石学、成岩作用等特征的综合表征。通过成岩储集相的研究，分析储层经历各种成岩演化作用之后，对其孔隙空间的影响程度，预测好的储集相带，提高钻井成功率，并控制含油气性和油气井生产能力。

一、成岩储集相形成的岩性及其基本特征

（一）碎屑组分

根据铸体薄片和扫描电镜观察、统计分析，苏里格东区上古生界盒8、山1、山2段岩石类型主要以岩屑砂岩、岩屑石英砂岩为主，少量石英砂岩。砂岩颗粒中—粗粒，分选中—好，磨圆度次棱—次圆，以次圆为主。在岩屑石英砂岩中，石英质量百分数39.3%~98.5%，以单晶石英为主，偶见多晶石英。长石质量百分数0~15.4%，部分长石被溶解或被方解石交代。岩屑质量百分数4.3%~60.7%。研究区碎屑颗粒中岩屑含量普遍较高，平均含量25.9%，以千枚岩、变质石英岩、石英岩岩屑为主，普遍含有云母，泥质杂基较高，最高可达15%。各小层岩屑含量对比结果显示：盒8上岩屑含量26.74%，盒8下岩屑含量24.98%，山1、山2岩屑含量27.16%，盒8上、山1、山2相对于盒8下岩屑含量明显偏高。

（二）填屑物组分

苏里格东区上古生界盒8、山1、山2段填隙物含量在6%～39%，大多在14%以上，盒8上平均为13.90%，盒8下平均为14.87%，山1、山2平均14.57%。以硅质、铁方解石、高岭石、水云母为主，见少量绿泥石、菱铁矿、凝灰质和铁白云石。

硅质以自生石英或石英次生加大形式出现。碳酸盐矿物有铁方解石、菱铁矿、凝灰质等，大多数方解石主要以交代碎屑或充填孔隙当中，具有局部富集特点。高岭石呈蠕虫状充填粒间孔隙，部分形成高岭石晶间、绿泥石环边、贴附颗粒表面生长。杂基泥质、水云母、泥化凝灰质广泛充填粒间孔，但分布随物源供给、搬运介质能量存在差异，仍不失为成岩期溶蚀作用提供更多物质基础。

（三）成岩储集相形成的有利因素和不利条件

苏里格东区盒8、山1、山2期成岩作用时序和类型相当，共同经历了早期压实作用和中期胶结作用及溶蚀作用。其中，压实作用、胶结作用为破坏性成岩作用，不利于成岩储集相形成和演化。广泛发育的溶蚀作用和破裂缝为建设性成岩作用，有利于成岩储集相形成。该区成岩储集相形成的有利因素和不利条件有：

（1）溶蚀作用强烈特别有利于成岩储集相形成。煤系地层在成煤过程排出酸性水，使长石、岩屑、泥质杂基发生大规模溶蚀溶解，极大地改善了储层孔隙度和渗透率，形成的次生溶孔是成岩储集相主要孔隙类型。

（2）环边绿泥石胶结包壳有效保护成岩储集相储层孔隙。它不但使砂岩的原生孔隙得以保存，同时也使由长石等骨架颗粒溶解形成的次生孔隙得以保存，它们也是该区成岩储集相形成的重要因素。

（3）压实作用不利于成岩储集相形成。据薄片观察，压实作用颗粒由点接触变为线接触，部分凹凸接触和缝合线接触，使原生孔隙极大降低，出现千枚岩屑、泥质岩屑等塑性成分发生变形、弯曲、碎屑颗粒定向排列、石英颗粒波状消光等。它是促使储层低孔、低渗和致密的最主要因素。

（4）胶结作用也不利于成岩储集相形成。石英次生加大和微晶石英发育，形成石英胶结物占据孔隙空间，以及自生高岭石充填粒间孔，它们都明显降低储层孔隙度。特别是自生碳酸盐中连生方解石胶结物和分散粒状方解石胶结物，它们不仅占据有限的残余粒间孔隙，而且还占据长石等铝硅酸盐溶解作用形成的次生孔隙，往往形成致密性储集层。

二、成岩储集相划分类型特征描述

根据上述成岩过程成岩储集相形成的基本特征，结合岩心观察，综合分析认为该区主要成岩作用类型有压实、压溶、硅质胶结、高岭石胶结、碳酸盐胶结交代、杂基蚀变及溶蚀等。综合该区致密气藏成岩储集相形成的有利因素和不利条件，分析成岩过程孔隙演化基本规律和演化参数变化及其孔隙组合、孔隙结构特征，在研究区划分出Ⅰ类、Ⅱ类、Ⅲ类、Ⅳ类成岩储集相类型。通过该四类成岩储集相孔隙度演化过程参数反演，得出各类成岩储集相各成岩阶段孔隙度演化模式(图3-2)，它们明显显示出该区储层经强烈压实作用和胶结作用形成低孔、特低渗和致密储层的特点。

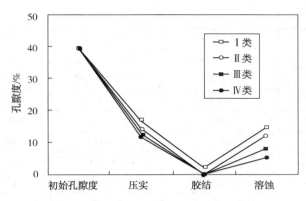

图 3-2　苏里格东区致密砂岩气藏储层分类成岩储集相各成岩演化阶段孔隙度演化模式图

（一）Ⅰ类成岩储集相——硅质弱胶结粒间孔、溶孔型成岩储集相

该成岩储集相形成本区目的层段优质储层，岩性以粗粒石英砂岩及岩屑石英砂岩为主，杂基含量通常小于 6%，胶结物含量在 10% 左右，粒度偏粗，含砾，分选中等到好，磨圆为次圆状，石英次生加大边和粒间自生石英总含量可大于 8%，石英颗粒间呈线—凸凹状接触关系，形成假石英岩致密结构。特别是刚性砂粒具有较高抗压性，岩石受压实作用影响相对较小，成岩早期形成的颗粒表面绿泥石黏土薄膜阻止石英加大，储层中有利于原生孔隙保存和酸性地层水流动，石英次生加大作用弱，溶蚀作用强，使其酸性水容易进入溶蚀不稳定杂基、岩屑、胶结物及少量长石等，并利用较好的排出扩散条件，形成粒间溶孔、长石溶孔、岩屑溶孔发育。

该类成岩储集相孔隙类型以粒间孔及较大溶蚀孔隙为主，储层孔喉分选尚好，具有较好的物性和孔隙结构，孔隙度一般大于 10%，面孔率一般大于 5%，渗透率在 $1.0 \times 10^{-3} \mu m^2$ 左右，压汞曲线为宽平台，排驱压力小于 0.5MPa，中值压力小于 2.0MPa，中值半径大于 0.3μm，最大孔喉半径 3.0μm，进汞饱和度大于 90%，退汞效率大于 40%（表 3-3）。

表 3-3　苏里格东区致密砂岩气藏盒 8 上、盒 8 下、山 1、山 2 致密储层成岩储集相分类综合特征表

成岩储集相特征	成岩储集相类别	Ⅰ类（甜点）	Ⅱ类（甜点）	Ⅲ类	Ⅳ类
	成岩储集相类型	硅质弱胶结粒间孔、溶孔型	石英加大及高岭石充填溶孔型	高岭石化晶间孔型	强压实胶结致密型
沉积微相	类型	高能心滩、边滩	分流河道心滩、边滩及其滞留充填叠置带	河道滞留及其天然堤、决口扇	天然堤、决口扇及分流间湾
岩性特征	岩性	粗粒石英砂岩及岩屑石英砂岩	中、粗粒岩屑石英砂岩及富含石英岩屑砂岩	中、粗粒杂砂岩及岩屑砂岩	细、中、粗粒岩屑砂岩
	杂基含量/%	<6	6~12	12~16	>15
孔隙图像特征	孔隙组合类型	剩余粒间孔、较大的粒间及粒内溶蚀孔	粒间、粒内溶蚀孔	高岭石晶间孔	微孔隙
	面孔率/%	≥6.0	3.0~6.0	3.0~1.0	<0.5
物性特征	孔隙度/%	≥10	8~11	6~9	<6
	渗透率/$10^{-3}\mu m^2$	≥1.0	0.3~1.0	0.1~0.3	<0.1

成岩储集相特征	成岩储集相类别	Ⅰ类(甜点)	Ⅱ类(甜点)	Ⅲ类	Ⅳ类
	成岩储集相类型	硅质弱胶结粒间孔、溶孔型	石英加大及高岭石充填溶孔型	高岭石化晶间孔型	强压实胶结致密型
压汞曲线特征	排驱压力/MPa	<0.5	0.5~1.5	1.5~3.0	>1.0
	中值压力/MPa	<2.0	2.0~10.0	9.0~15.0	>15.0
	中值半径/μm	>0.3	0.1~0.3	0.05~0.1	<0.05
	最大孔喉半径/μm	>3.0	0.5~3.0	0.3~0.5	<0.3
	最大进汞饱和度/%	>90	70~90	40~70	<50
	退汞饱和度/%	>35	20~35	15~20	<15
	退汞效率/%	>40	25~40	20~25	<20

该类硅质弱胶结强溶蚀成岩储集相岩石参数演化分析模式从初始孔隙度39.38%算起,压实过程损失孔隙度22%左右,压实过程孔隙损失率57%左右。胶结及其石英加大造成15%左右的孔隙度损失。压实、胶结后剩余2%左右的原生粒间孔隙。后期溶蚀作用又贡献12%左右的较高孔隙度,造成相对高孔、高渗的有利成岩储集相(图3-2)。

该类成岩储集相主要分布多期叠置单渗砂能量厚度大的分流河道心滩和边滩部位,砂体中成岩过程参数演化定量分析给出了中压实、弱胶结和强溶蚀作用特征。特别是次生孔隙发育,溶蚀增加孔隙度可达10%以上,具有较好的孔隙结构和渗流、储集能力,成为该区致密气藏储层中筛选相对优质储层的"甜点"。

(二)Ⅱ类成岩储集相——石英加大及高岭石充填溶孔型成岩储集相

该类成岩储集相岩性以中—粗粒石英砂岩和富含石英岩屑的砂岩为主。岩石组分中石英质岩屑或石英颗粒含量高,粒度为中—粗粒,分选较好,磨圆度为次圆—次棱状,颗粒以线接触为主,石英加大边发育,硅质胶结物平均大于4%。储层中杂基、假杂基含量一般小于12%,但成分复杂,多蚀变为高岭石。杂基中,高岭石、绿泥石、微晶质石英间层等自生蚀变矿物含量增高。该成岩储集相中胶结物含量在15%左右,其中高岭石充填、石英次生加大使粒间孔隙明显较少。易溶的岩屑、杂基和蚀变高岭石形成的溶蚀作用及其蚀变作用,为成岩储集相提供了较好的排出扩散条件,可致使该类成岩相成为较好的储集层,形成研究区分布广泛的溶孔型成岩储集相。

该类成岩储集相岩石组分中,中—粗粒石英砂岩和石英质岩屑颗粒含量高,孔隙组合主要是粒间溶孔、长石溶孔、岩屑溶孔和高岭石晶间孔,孔隙度一般在10%左右,面孔率在2%左右,渗透率在 $0.5 \times 10^{-3} \mu m^2$ 左右,压汞曲线为缓坡型,排驱压力在0.5~1.5MPa,中值压力2~10MPa,中值半径0.1~0.3μm,最大孔喉半径0.5~3.0μm,最大进汞饱和度在70~90%,退汞效率25%~40%(表3-3)。

该类石英加大及高岭石充填胶结强溶蚀成岩储集相岩石参数演化分析模式从初始孔隙度39.38%算起,压实过程孔隙度损失25%左右,压实过程孔隙损失率62%左右。胶结及其石英加大造成14.8%左右的孔隙度损失。压实、胶结后剩余孔隙0%的原生粒间孔隙。后期溶蚀作用贡献10%左右的孔隙度,造成了相对较高孔、较高渗的较为有利的成岩储集相(图3-2)。

该类成岩储集相主要分布在分流河道滞留充填叠置砂体及其心滩、边滩砂体中，砂体成岩过程参数演化定量分析给出了较高压实、胶结和较强溶蚀作用特征。特别是次生孔隙发育，溶蚀增加孔隙度可达10%，具有相对较好的孔隙结构和渗流、储集特征，它们也成为该区致密气藏筛选相对优质储层的"甜点"。

（三）Ⅲ类成岩储集相——高岭石化晶间孔型成岩储集相

该类成岩储集相岩性以中粗粒砂砾岩、岩屑石英砂岩为主，其塑性岩屑含量高，杂基含量高而蚀变作用强。岩石杂基含量大于15%，杂基常被高岭石、微晶石英、绿泥石等次生矿物交代蚀变，以高岭石为主的蚀变黏土矿物达10%~15%，在粒内溶孔及相邻粒间孔隙中沉淀出大量晶形较好的自生高岭石晶体，形成分散质点式充填的晶间孔，属于成岩较为致密的储集层。

该类成岩储集相主要为分选差的杂砂岩为主，岩石颗粒变化大，碎屑分选差。由于沉积时杂基和塑性碎屑含量高，经强烈压实塑性碎屑发生杂基化并充填粒间，面孔率一般在1%左右，孔隙度在8%左右，渗透率在$0.2×10^{-3}\ \mu m^2$，它孔隙度较高，但大孔隙少，主要孔隙喉道细小，渗透率低。压汞曲线为斜坡型，排驱压力在1.5~3.0MPa，中值压力9.0~15.0MPa，中值半径约为$0.1\mu m$，最大孔喉半径$0.5\mu m$，最大进汞饱和度40%~70%，退汞效率20%~25%（表3-3）。

该类高岭石化晶间孔型蚀变成岩储集相岩石参数演化分析模式从初始孔隙度39.38%算起，压实过程孔隙度损失26%左右，压实过程孔隙损失率67%左右。胶结及其石英加大造成13%左右的孔隙度损失。后期溶蚀及蚀变作用贡献了6%~8%的孔隙度，造成了一定量高岭石晶间孔为主的低渗成岩储集相（图3-2）。

该类成岩储集相主要分布在低能河道滞留充填砂体（含废弃河道砂体）及天然堤、决口扇砂体中，砂体成岩过程参数演化定量分析给出了高压实、胶结和溶蚀蚀变特征。特别成岩中后期在有机酸性水作用下，砂岩中不稳定的碎屑、长石以及火山碎屑发生的溶蚀作用，在孔隙中蚀变沉淀呈分散质点式充填的高岭石晶间孔，为致密气藏储层提供一定的储集、渗流条件。

（四）Ⅳ类成岩储集相——强压实胶结致密型成岩储集相

该成岩储集相岩性主要为细、中、粗粒岩屑砂岩及岩屑石英砂岩，岩屑主要为易压实的千枚岩、片岩和泥岩等、片岩和泥岩等，塑性岩屑，易于压实。岩石中含有石英加大边，石英间呈线状接触，可形成假石英岩致密结构。储层所含碳酸盐矿物方解石结晶粗大，可呈连晶结构。该成岩相经强压实和碳酸盐连晶式胶结，形成典型成岩致密相储层。

该类成岩储集相历经强烈压实和胶结作用，储层物性和孔隙结构很差，面孔率一般小于0.5%或无可见孔隙，孔隙度一般在5%左右，渗透率小于$0.1×10^{-3}\ \mu m^2$，压汞曲线为斜坡型，排驱压力大于1MPa，中值压力大于15MPa，中值半径小于$0.05\mu m$，最大孔喉半径小于$0.3\mu m$，最大进汞饱和度小于50%，退汞效率小于25%（表3-3）。

该类强压实胶结致密成岩储集相参数演化从初始孔隙度39.38%算起，压实过程孔隙度损失了27%左右，压实过程孔隙损失率70%左右。胶结及其石英加大造成仅剩的12%左右的孔隙度几乎全部损失，后期发育的微孔隙和极少量溶蚀孔贡献了5%左右的孔隙度，造成了强压实胶结致密型成岩储集相（图3-2）。

该类成岩储集相主要分布在河道边缘、天然堤、决口扇及分流间湾砂体中，砂体成岩过程参数演化定量分析给出了高压实、高胶结和蚀变特征。特别是该类储层经压实、硅质及碳酸盐连晶式胶结，储层孔隙结构、储渗条件极差，形成了一种致密型成岩储集相。

三、成岩储集相微观孔隙结构特征及其分类评价

Ⅰ类、Ⅱ类、Ⅲ类、Ⅳ类成岩储集相分别表述弱胶结强溶蚀相、石英加大及高岭石充填胶结较强溶蚀相、高岭石充填晶间孔蚀变相、强压实胶结致密成岩相。这四类成岩储集相分类与岩石类型密切相关，它们在储层内部砂岩类型变化较大，矿物成分及含量多变，其成岩组构多种多样、孔隙类型特征十分复杂。这种成岩储集相概念集中地反映出该区岩石在沉积期所经历的各种成岩作用改造叠加所形成的沉积记录和综合产物，其中反映成岩储集相最为重要的是微观孔隙类型和孔隙结构特征。Ⅰ类成岩储集相弱胶结次生溶蚀作用强烈，形成剩余粒间孔和较大的粒间及粒内溶蚀孔组合，具有相对好的孔隙结构和渗流、储集能力，主要分布在高能心滩及边滩部位，成为该区致密气藏储层筛选相对优质储层"甜点"。Ⅱ类成岩储集相石英次生加大及高岭石充填次生溶蚀作用发育，形成较高的粒间、粒内溶蚀孔隙组合及其较好储集层，具有相对较好孔隙结构和渗流、储集能力，主要分布在分流河道心滩、边滩及其充填叠置带上。Ⅲ类成岩储集相历经强烈压实和胶结作用，在高岭石黏土矿物蚀变沉淀形成分散质点式充填晶间孔隙类型，储层孔隙度较高，但大孔喉少，渗透率低，其物性及其孔隙类型、孔隙结构较差，主要分布在河道滞留砂体及其边部天然堤、决口扇部位。Ⅳ类成岩储集相历经强烈压实和胶结作用，形成硅质石英加大胶结、碳酸盐连晶式胶结致密型孔隙结构，储层物性及其孔隙类型、孔隙结构很差，主要分布在河道边缘、天然堤、决口扇及分流间湾部位。

从前述图表及其分类描述可以看出，强烈的压实和胶结作用是致密储层形成的关键，各种成岩作用的强弱不同造成了不同成岩储集相岩性、物性、孔隙类型、结构变化和差异。特别是储层微观孔隙结构喉道几何形状、大小及连通性发生了趋于致密的较大变化。研究分类成岩储集相微观孔隙结构特征，对筛选致密气藏相对优质储层显得尤为重要。根据该区每块砂岩样品压汞实验数据绘制相应毛管压力曲线，求取每条曲线的微观孔隙结构特征参数，采用分类成岩储集相统计分析显示不同类别致密储层渗流、储集及非均质性特征。

（一）压汞法求取孔隙结构参数

首先根据每块砂岩样品的压汞实验数据绘制相应的毛细管压力曲线，并求取每条曲线的特征参数。

喉道均质系数表示储层岩石中的每一喉道半径与最大喉道半径的比值对岩石中非湿相饱和度加权所得的一个参数。可以从毛管压力曲线上两部分的面积来理解。储层岩石的喉道均质系数越大，说明组成岩石的喉道半径越大，而且越接近储层喉道最大半径。同时，储层喉道也就越均匀。

（1）排驱压力 p_d 和最大孔喉半径 R_D，其中最大孔隙喉道半径 R_D 是沿毛细管压力曲线的拐点作切线与孔隙喉道半径轴相交而求得。排驱压力 p_d 是过 R_D 作横轴平行线与毛细管压力坐标轴相交所示的压力值。岩样的排驱压力愈大，最大孔喉半径愈小；反之排驱压力愈小，则岩样的最大孔隙喉道半径愈大。

（2）孔喉半径中值 R_{50} 和毛细管压力中值 p_{50} 为进汞饱和度为50%时，所对应的孔隙喉道半径值和毛管压力值。它是孔隙喉道大小分布趋势的量度。

（3）孔隙喉道半径平均值 R_m 是孔喉大小总平均数的度量，它反映孔喉分布的集中趋势。

$$R_m = \frac{D_{16}+D_{50}+D_{84}}{3} \qquad (3-9)$$

（4）孔隙喉道分选系数 S_p 反映孔喉分散和集中的情况，是指孔喉大小分布的均一程度。孔喉大小愈均一，则其分选性愈好，孔喉分选系数愈接近于 0，则毛细管压力曲线就会出现一个水平的平台，其累计频率曲线就十分陡峭。当孔喉分选较差时，毛管压力曲线倾斜，而累计频率曲线平缓。孔喉分选系数按式（3-10）计算：

$$S_p = \frac{(D_{84}-D_{16})}{4} + \frac{(D_{95}-D_6)}{6.6} \qquad (3-10)$$

当分选系数 S_p<0.35，为分选极好；S_p=1.4~1.84，为分选中等；S_p>3，为分选极差。

（5）孔隙喉道变异系数是一数理统计概念，用于度量统计的若干数值相对于其平均值的分散程度或变化程度，是指一定样品的标准偏差与平均值比值。喉道变异系数是反映喉道非均质程度的向量，其数值愈大，反映喉道非均质程度越大。

（6）孔隙喉道歪度 SK_p 表示孔喉频率分布的对称性参数，反映众数相对的位置，众数偏粗孔喉端称粗歪度，偏于细孔喉端为细歪度，对于储集层来说偏粗为好，歪度的计算公式为：

$$SK_p = \frac{(D_{84}+D_{16}-2D_{50})}{2(D_{84}-D_{16})} + \frac{(D_{95}+D_5-2D_{50})}{2(D_{95}-D_5)} \qquad (3-11)$$

歪度 SK_p=0，为正态分布（对称）；SK_p<1，为负偏（细偏）。

（7）孔隙峰度 K_p 表示频率曲线尾部与中部展开度之比，说明曲线的尖锐程度。

$$K_p = \frac{D_{95}-D_5}{2.44(D_{75}-D_{25})}$$

K_p=1，曲线呈正态分布；K_p<0.6 为平峰曲线；K_p=1.5~3，为尖锐曲线。峰值大小受多种因素影响，其中可能与孔隙类型及孔隙后期改造有关。

（8）退出效率 W_e 在压汞仪的额定压力范围内，从最大注入压力降低到最小压力时，岩样退出的汞的体积与最大注入汞体积 S_{max} 之比的百分数。

$$W_e = \frac{S_{max}-S_R}{S_{max}} \times 100\% \qquad (3-12)$$

式中　S_{max}——注入汞的最大饱和度，%。

　　　S_R——退出后残留在岩样中的汞饱和度，%。

退出效率相当于润湿相排驱非润湿相时所排出非润湿相的效率。对于水湿油层来说，它相当于水驱油的驱油效率。

（9）退汞饱和度。地层排驱压力大，地层压力和产量递减快，注水井吸水能力低，气井见效慢，气井见水后含水上升快，产量下降快。特别是致密气藏储层微观孔隙结构特别复杂，上述求取的孔隙结构参数中没有一个能够较全面地反映储层微观结构特征。为了准确开展研究区致密气藏储层微观孔隙结构的分类评价，再定义一个退汞饱和度参数，其计算公式：

$$S_E = S_{max}-S_p \qquad (3-13)$$

S_E表示从最大注入压力降低到最小退汞压力退出的汞体积与岩样总孔隙体积的比值。对于致密气藏储层,可近似地认为是喉道所占有的总孔喉体积百分数。

(10)孔隙结构综合参数。退出效率 W_e 是退汞饱和度与最大进汞饱和度的比值,其大小不但与退汞饱和度有关,还与最大进汞饱和度有关。退汞饱和度反映的是喉道体积,而退汞效率则反映喉道体积与孔隙的综合信息。

利用退汞效率 W_e 与退汞饱和度 S_E 定义储层孔隙结构综合评价参数 E:

$$E = 100 \times W_e \times S_E \tag{3-14}$$

这里退汞饱和度对应于气田开发的可动资源量及产能,退汞效率对应于气田开发的最终采收率,影响两者因素复杂、繁多。只有两者匹配可以达到最佳致密气藏储层孔隙结构分类评价。

应用上述孔隙结构参数,可以对储层成岩储集相微观孔隙结构进行分析,结合分类描述和评价,阐明成岩储集相分类孔隙结构特征。

(二)分类成岩储集相微观孔隙结构特征

根据该区致密气藏储层成岩储集相微观孔隙结构特征研究,该区成岩储集相储层微观孔隙类型多样,储层孔隙喉道细小,储层排驱压力、中值压力可以分别达到 6MPa 和 55MPa,反映储层岩石孔喉很小,有效孔喉更小,有效储层最大孔喉半径与孔渗关系不明显。特别是该区成岩储集相岩石孔喉细小,无效喉道占喉道数量的绝大部分,孔喉分选系数、变异系数、均值系数越小,无效喉道越均匀,岩石渗透性越差;而较高的孔喉分选系数、变异系数、均值系数,喉道非均质性增强,孔隙结构变差;为此,较低和较高的孔喉分选系数、变异系数、均值系数都不利于储层渗流。同时,孔喉分选系数、变异系数、均值系数过低和过高也影响退汞效率、孔喉结构参数变小和变差。因此,孔喉排驱压力、中值压力、孔喉分选系数、变异系数、均值系数、最大孔喉半径、中值半径、退汞效率及孔喉结构参数对该区成岩储集相储层岩石物性影响较大。以下采用成岩储集相分类,从不同角度显示该区储层渗流、储集及非均质性等成岩储集相特征,确定和划分该区成岩储集相中相对优质储层的微观孔隙结构参数和特征。

1. 分类成岩储集相孔喉排驱压力及中值压力特征

图 3-3、图 3-4 是该区分类成岩储集相渗透率、孔隙度与排驱压力、中值压力关系图。

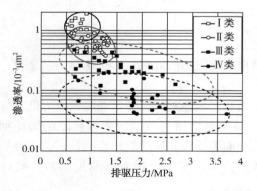 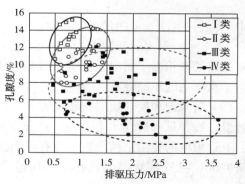

图 3-3 分类成岩储集相排驱压力与渗透率、孔隙度关系图

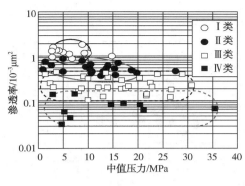 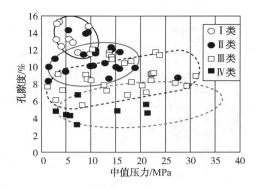

图 3-4　分类成岩储集相排驱压力与渗透率、孔隙度关系图

图中，Ⅰ类成岩储集相处于渗透率（约 $1.28×10^{-3}$ μm²）、孔隙度（约 13%）相对高值范围，排驱压力 0.503~1.059MPa、中值压力 3.009~10.161MPa 在相对较低较窄范围。反映该类岩相孔喉结构喉道相对较粗，且随参数变大，喉道变细，渗透率、孔隙度减小。从而反映出排驱压力、中值压力处于最佳孔隙结构分布特征。

图中，Ⅱ类成岩储集相处于渗透率（约 $0.58×10^{-3}$ μm²）、孔隙度（约 10.8%）相对较高值范围，排驱压力 0.576~1.409MPa、中值压力 1.452~20.008MPa 的中间较大范围，反映该类岩相孔隙结构喉道较大到居中，且随参数增大，喉道会变小，渗透率随之变小（孔隙度减小趋势不明显）。从而反映出排驱压力、中值压力处于较好的孔隙结构分布特征。

图中，Ⅲ类成岩储集相处于渗透率（约 $0.278×10^{-3}$ μm²）、孔隙度（约 8.9%）相对较低值范围，排驱压力 0.455~3.380MPa、中值压力 1.575~30.942MPa 在相对较高较大范围。反映该类岩相孔隙结构喉道总体变细，随参数变大，低渗储层渗透率有较低趋势（负相关），孔隙度随参数变大呈正相关特征（细小孔喉增多）。从而反映出排驱压力、中值压力处于相对较高、较差的复杂孔隙结构分布特征。

图中，Ⅳ类成岩储集相处于渗透率（约 $0.073×10^{-3}$ μm²）、孔隙度（约 4.1%）的最低值范围，排驱压力 0.717~3.679MPa、中值压力 3.281~35.753MPa 在高值的更大范围，该压力参数随渗透率、孔隙度变化特征不明显。反映该类岩相孔隙结构喉道特细，渗透率、孔隙度特低，反映出储渗能力特差的复杂孔隙结构致密成岩储集相特征。

2. 分类成岩储集相孔喉分选系数、变异系数及均值系数特征

图 3-5~图 3-7 是该区分类成岩储集相渗透率、孔隙度与喉道分选系数、变异系数及均值系数关系图。

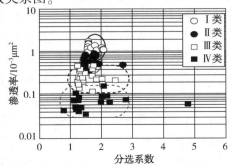 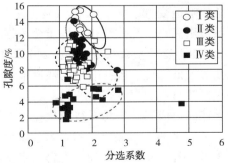

图 3-5　分类成岩储集相分选系数与渗透率、孔隙度关系图

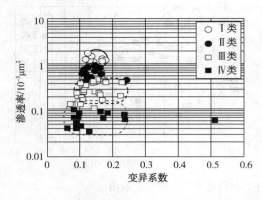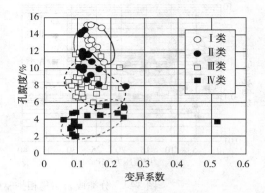

图 3-6　分类成岩储集相变异系数与渗透率、孔隙度关系图

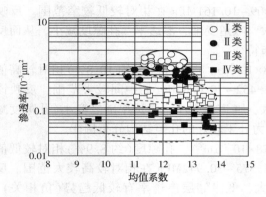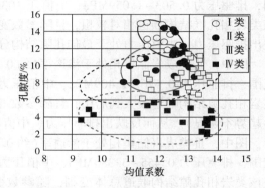

图 3-7　分类成岩储集相均值系数与渗透率、孔隙度关系图

图中，Ⅰ类成岩储集相孔喉分选系数 1.506~2.066、变异系数 0.1214~0.1786、均值系数 11.339~12.703 处于参数较低中间较窄分布范围及孔渗高值部位。因孔喉结构喉道相对较粗，其系数相对较小较窄，喉道则相对均匀，渗透率、孔隙度趋高。Ⅱ类成岩储集相孔喉分选系数 1.384~1.931、变异系数 0.108~0.167、均值系数 10.734~13.178 处于参数更低较大范围及孔渗降低部位。因孔喉结构喉道相对变细，无效喉道增多，其系数较小但范围增大，无效喉道趋于均匀，孔、渗参数降低。Ⅲ类成岩储集相孔喉分选系数 1.034~2.711、变异系数 0.077~0.232、均值系数 9.289~13.685 处于参数更低到更高范围及孔渗较低部位。因孔喉结构喉道变细，无效喉道明显更多。其系数更低时，无效喉道越均匀，孔渗参数更低；其系数更高时，孔隙结构非均质性增强，孔渗参数更低。Ⅳ类成岩储集相孔喉分选系数 0.843~2.778、变异系数 0.0612~0.240、均值系数 9.367~13.771 处于参数低、高变化较大范围及孔渗最低部位。因孔喉结构喉道很细小，孔喉处于无效喉道范围，其系数变化喉道无效，孔渗参数最低。

在上述四类成岩储集相系数变化孔渗参数分析中，渗透率降低的敏感程度明显更高。

3. 分类成岩储集相最大孔喉半径、孔喉中值半径特征

图 3-8、图 3-9 是该区分类成岩储集相渗透率、孔隙度与最大孔喉半径、孔喉中值半径的关系图。

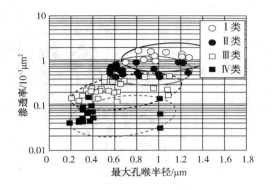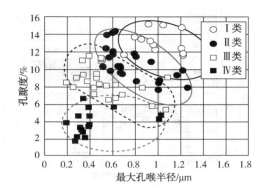

图 3-8　分类成岩储集相最大孔喉半径与渗透率、孔隙度关系图

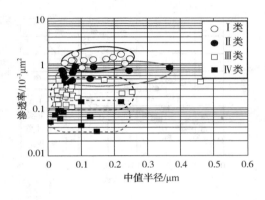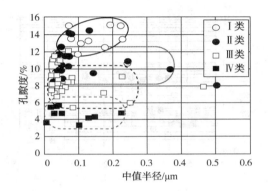

图 3-9　分类成岩储集相中值半径与渗透率、孔隙度关系图

　　图中，Ⅰ类成岩储集相最大孔喉半径 0.694~1.460μm、中值半径 0.0487~0.2443μm 处于参数相对较高范围及孔渗高值部位。因岩石最大孔喉决定其渗透性，最大孔喉及中值半径越大，孔渗参数越高，特别是最大孔喉半径与孔渗关系反映更为敏感。Ⅱ类成岩储集相最大孔喉半径 0.522~1.276μm、中值半径 0.027~0.369μm 处于参数居中较大范围及孔渗降低部位。因孔隙结构喉道变细，无效喉道增多，孔渗参数降低。Ⅲ类成岩储集相最大孔喉半径 0.217~1.119μm、中值半径 0.024~0.253μm 处于参数更低及孔渗较低部位。因孔隙结构喉道更细，无效喉道更多，孔渗参数更低。Ⅳ类成岩储集相最大孔喉半径 0.1998~1.026μm、中值半径 0.0059~0.224μm 处于参数相对最低范围及孔渗最低部位。因孔喉结构喉道很细小，孔喉处于无效喉道范围，孔渗参数最低。

　　在上述四类成岩储集相孔喉参数变化孔渗特征分析中，渗透率随孔喉参数降低的敏感程度更为密切。

　　4. 分类成岩储集相孔喉退汞效率、结构综合参数特征

　　图 3-10、图 3-11 是该区分类成岩储集相渗透率、孔隙度与孔喉退汞效率及结构参数关系图。

　　图中，Ⅰ类成岩储集相孔喉退汞效率 41.5%~57.7%、结构综合参数 14.0~28.3 处于参数较高范围及孔渗高值部位。因岩石孔隙喉道特别是有效喉道决定其渗透性，退汞效率及其

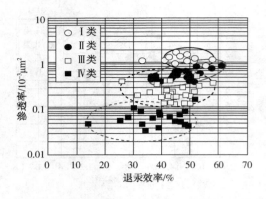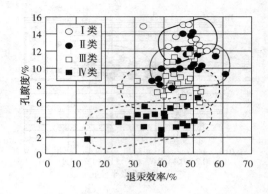

图 3-10　分类成岩储集相最大孔喉半径与渗透率、孔隙度关系图

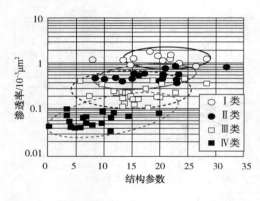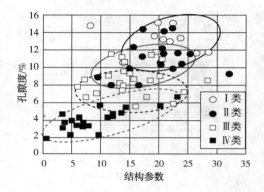

图 3-11　分类成岩储集相中值半径与渗透率、孔隙度关系图

结构系数大，反映喉道体积及其有效喉道比例大，渗透率及其孔隙度明显高值。Ⅱ类成岩储集相退汞效率 36.5%～60.9%、结构综合参数 8.8～25.7 处于参数居中范围及孔渗降低部位。因其孔隙结构喉道及其有效喉道减少，孔渗参数降低。Ⅲ类成岩储集相退汞效率 25.9%～58.2%、结构综合参数 5.9～25.3 处于参数降低分布范围较大及其孔渗较低部位。因其孔隙结构喉道减少，特别是有效喉道减少更大，因而参数降低分布范围大，孔渗参数值低。Ⅳ类成岩储集相退汞效率 14.7%～51.8%、结构综合参数 0.406～23.130 处于参数较大范围低值分布及其孔渗最低部位。因孔喉结构喉道减小且很细小，处于无效喉道范围，因而参数低分布范围大，孔渗值最低。

同样，在上述四类成岩储集相孔喉参数变化孔渗特征分析中，渗透率随孔喉参数降低变化的敏感程度较为密切。

四、分类成岩储集相微观孔隙结构特征参数分析

综上所述，该区目的层段储层分类成岩储集相微观孔隙结构参数总体依类别呈基本形态衰变，不同类别参数呈不规则交叉叠置分布，反映该区储层成岩储集相微观孔隙类型组合复杂，岩石孔隙结构非均质性强，孔隙喉道细小、类型多样，孔喉结构参数排驱压力、中值压力、孔喉分选系数、变异系数、均值系数、最大孔喉半径、中值半径、退汞效率及孔喉结构

系数对该区成岩储集相储层物性参数影响较大，它们共同作用形成了该区不同类型成岩储集相储层微观孔隙结构特征。其中，Ⅰ类成岩储集相孔喉排驱压力、中值压力在相对低值范围，分选系数、变异系数、均值系数处于参数较低到居中范围，最大孔喉半径、中值半径、退汞效率、孔喉结构参数均处于参数相对高值范围，反映该类成岩储集相孔隙结构喉道相对较粗，且喉道分布相对均匀，其有效喉道在孔喉中占有绝大部分比例，具有明显较好的孔隙结构和渗流、储集能力，成为该区致密气藏储层中筛选相对优质储层的"甜点"。Ⅱ类成岩储集相孔喉排驱压力、中值压力在相对较低范围，分选系数、变异系数、均值系数处于参数更低更大范围，最大孔喉半径、中值半径、退汞效率、孔喉结构参数处于参数相对较高值范围。反映该类成岩储集相孔隙结构喉道有一定的细小变化，喉道分布趋于均匀，因而无效喉道在孔隙中占有一定比例，孔隙结构总体尚趋较好，具有一定的渗流和储集能力，它们也成为该区致密气藏储层筛选相对优质储层"甜点"。Ⅲ类、Ⅳ类成岩储集相孔喉排驱压力、中值压力在相对高值范围，分选系数、变异系数、均值系数处于低值到高值较大范围，最大孔喉半径、中值半径、退汞效率、孔喉结构参数处于参数相对低值范围。这两类成岩储集相孔隙喉道细小，喉道分布非均质性强，孔喉绝大多数处于无效喉道范围，反映储层孔隙结构和渗流、储集能力差。

特别对于较为致密成岩储集相储层过低和过高的孔喉分选系数、变异系数、均值系数都不利于储层渗流，这三个参数处于相对较低较窄的居中范围的Ⅰ类、Ⅱ类成岩储集相，则具有明显较好的孔隙结构和渗流、储集特征，它们为该区致密气藏筛选优质储层提供了十分有效的含气信息。

第三节　致密砂岩气藏储层分类成岩储集相测井响应特征

根据上述致密气藏目的层段储层成岩储集相的综合评价和定量分析，确定和划分出Ⅰ类硅质弱胶结粒间孔—溶孔型、Ⅱ类石英加大及高岭石充填溶孔型、Ⅲ类高岭石化晶间孔型及Ⅳ类强压实胶结致密型四类别成岩储集相储层，不同成岩储集相分类集中体现出岩性等地质因素对储层成岩储集相的控制作用。Ⅰ类、Ⅱ类成岩储集相成岩过程参数演化定量分析给出相对较低压实、胶结和较强溶蚀作用特点，反映储层次生孔隙发育，具有相对优质储层的渗流、储集及含气能力，集中地反映出该区致密气藏储层中相对优质储层形成的地质特点。因此，成岩储集相分类可以分别体现致密气藏储层"四性"关系和测井响应特征，有必要利用测井资料在非均质致密储层背景上评价划分优质储层，把测井所采集的大量信息，系统、有序地转化为分类成岩储集相致密气识别评价的实用方法。

通过该区 24 口井目的层段不同类别成岩储集相薄片岩心资料与测井数据深度归位后，测井曲线按层段及其厚度取值，层厚较薄在 2m 以内，取测井曲线峰值为层段响应特征值，层段厚度大于 2m，可以视其为厚层，去掉上下两个界面响应值，然后取其平均值为层段响应特征值。利用密度、声波时差、中子孔隙度、自然电位、自然伽马及能谱、光电吸收截面指数、井径、电阻率测井响应统计对比分析，阐明分类成岩储集相与测井系列优化评价的响应对比关系，为该区利用储层岩石物理相评价解释非均质、非线性致密气藏奠定了可靠基础。密度测井在探测致密气藏含气层响应中提取的有效信息最为丰富，因此以密度测井响应值相对于稳定泥质岩减小幅度为基准。

一、分类成岩储集相基本岩性系列测井曲线响应特征

图 3-12~图 3-15 是该区分类成岩储集相密度减小值与自然电位、自然伽马、光电吸收截面指数、井径关系图。

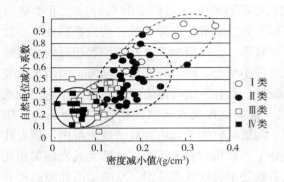

图 3-12　分类成岩储集相密度
与自然电位关系图

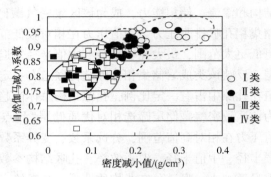

图 3-13　分类成岩储集相密度
与自然伽马关系图

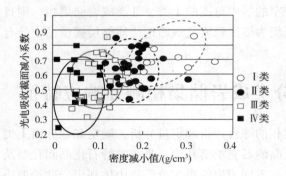

图 3-14　分类成岩储集相密度
与光电吸收截面指数关系图

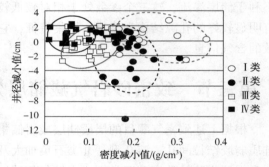

图 3-15　分类成岩储集相密度
与井径关系图

图 3-12 中，Ⅰ类成岩储集相处于密度减小值 $0.1667 \sim 0.3638 \text{g/cm}^3$、自然电位减小系数 $0.557 \sim 0.963$ 相对高值范围，Ⅱ类成岩储集相处于密度减小值 $0.1187 \sim 0.3036 \text{g/cm}^3$、自然电位减小系数 $0.290 \sim 0.883$ 相对较高值范围，Ⅲ类成岩储集相处于密度减小值 $0.0448 \sim 0.1651 \text{g/cm}^3$、自然电位减小系数 $0.068 \sim 0.510$ 相对较低值范围，Ⅳ类成岩储集相处于密度减小值 $0.0124 \sim 0.1117 \text{g/cm}^3$、自然电位减小系数 $0.124 \sim 0.435$ 低值范围。它们随成岩储集相Ⅰ类、Ⅱ类、Ⅲ类、Ⅳ类密度减小序列约为 0.2386g/cm^3、0.1795g/cm^3、0.1077g/cm^3 到 0.0630g/cm^3，自然电位减小系数序列约为 0.805、0.496、0.321、0.292。从而可以利用密度和自然电位测井响应评价划分不同类别成岩储集相。

图 3-13 中，Ⅰ类成岩储集相处于自然伽马减小系数 $0.851 \sim 0.974$，Ⅱ类处于 $0.770 \sim 0.952$，Ⅲ类处于 $0.627 \sim 0.903$，Ⅳ类处于 $0.743 \sim 0.865$。它们随成岩储集相Ⅰ类、Ⅱ类、Ⅲ类、Ⅳ类自然伽马减小系数序列约为 0.926、0.884、0.816、0.803，也可以利用密度（前

已述)和自然伽马测井响应评价划分不同类别成岩储集相。

图 3-14 中, Ⅰ类成岩储集相处于光电吸收截面减小系数 0.525～0.854, Ⅱ类处于 0.438～0.848, Ⅲ类处于 0.319～0.855, Ⅳ类处于 0.241～0.810。它们随成岩储集相Ⅰ类、Ⅱ类、Ⅲ类、Ⅳ类光电吸收截面指数减小系数序列约为 0.678、0.653、0.567、0.545, 它们也可以评价不同类别成岩储集相, 但差异不够明显。

图 3-15 中, Ⅰ类成岩储集相处于井径减小值 -2.37～2.86cm, Ⅱ类处于 -10.19～ 2.17cm, Ⅲ类处于 -5.779～2.098cm, Ⅳ类处于 -0.803～2.303cm。它们随成岩储集相Ⅰ类、Ⅱ类、Ⅲ类、Ⅳ类井径减小值序列约为 0.509cm、-0.978cm、-0.293cm、0.881cm, 其成岩储集相测井响应差异不明显。

二、分类成岩储集相自然伽马能谱系列测井曲线响应特征

图 3-16、图 3-17、图 3-18 是该区分类成岩储集相密度减小值与自然伽马能谱钾、钍、铀分布关系图。

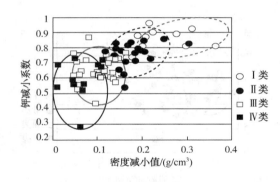

图 3-16　分类成岩储集相密度
与钾含量关系图

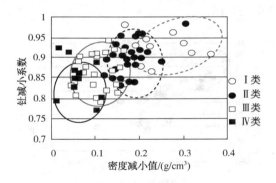

图 3-17　分类成岩储集相密度
与钍含量关系图

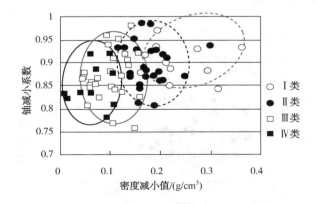

图 3-18　分类成岩储集相密度与铀含量关系图

图 3-16 中, Ⅰ类成岩储集相处于伽马能谱钾减小系数 0.729～0.945, Ⅱ类处于 0.542～ 0.858, Ⅲ类处于 0.440～0.529, Ⅳ类处于 0.289～0.730。它们随成岩储集相Ⅰ类、Ⅱ类、

Ⅲ类、Ⅳ类钾减小系数序列约为 0.846、0.758、0.659、0.612，其分类成岩储集相具有明显的钾测井曲线响应特征差异。

图 3-17 中，Ⅰ类成岩储集相处于伽马能谱钍减小系数 0.833~0.977，Ⅱ类处于 0.812~0.985，Ⅲ类处于 0.793~0.945，Ⅳ类处于 0.774~0.928。它们随成岩储集相Ⅰ类、Ⅱ类、Ⅲ类、Ⅳ类钍减小系数序列约为 0.916、0.897、0.869、0.853，其分类成岩储集相也具有钍测井曲线响应特征差异。

图 3-18 中，Ⅰ类成岩储集相处于伽马能谱铀减小系数 0.844~0.969，Ⅱ类处于 0.807~0.987，Ⅲ类处于 0.759~0.983，Ⅳ类处于 0.809~0.927。它们随成岩储集相Ⅰ类、Ⅱ类、Ⅲ类、Ⅳ类铀减小系数序列约为 0.902、0.890、0.866、0.865，其分类成岩储集相也具有一定的测井曲线响应特征差异。

三、分类成岩储集相孔隙度及电阻率系列测井曲线响应特征

图 3-19~图 3-21 是该区分类成岩储集相密度减小值与声波时差、中子孔隙度及电阻率分布关系图。

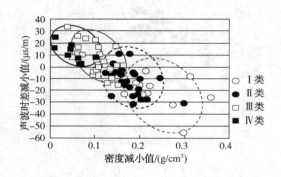

图 3-19　分类成岩储集相密度
与声波时差关系图

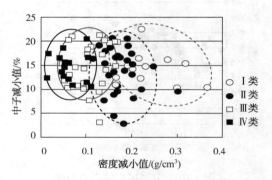

图 3-20　分类成岩储集相密度
与中子孔隙度关系图

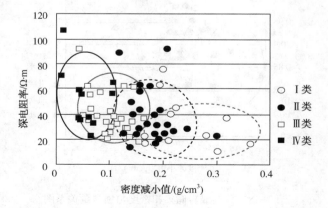

图 3-21　分类成岩储集相密度与电阻率关系图

图 3-19 中，Ⅰ类成岩储集相处于密度减小值 0.1667~0.3638g/cm³、声波时差减小值 -55.490~-3.046μs/m，Ⅱ类成岩储集相处于密度减小值 0.1187~0.3036g/cm³、声波时差减小值 -30.851~11.085μs/m，Ⅲ类成岩储集相处于密度减小值 0.0448~0.1651g/cm³、声波时差减小值 -14.276~31.864μs/m，Ⅳ类成岩储集相处于密度减小值 0.0124~0.1117g/cm³、声波时差减小值 3.517~25.042μs/m。它们随成岩储集相Ⅰ类、Ⅱ类、Ⅲ类、Ⅳ类密度减小序列约为 0.2386g/cm³、0.1795g/cm³、0.1077g/cm³ 到 0.0630g/cm³，声波时差减小序列约为 -20.608μs/m、-12.232μs/m、4.588μs/m、13.270μs/m，其分类成岩储集相具有明显的密度、声波时差测井曲线响应特征差异。从而可以有效地利用密度和声波时差测井响应评价划分不同类别成岩储集相。

图 3-20 中，Ⅰ类成岩储集相处于中子孔隙度减小值 10.392%~22.692%，Ⅱ类处于 2.622%~20.733%，Ⅲ类处于 3.145%~21.160%，Ⅳ类处于 10.598%~20.875%。它们随成岩储集相Ⅰ类、Ⅱ类、Ⅲ类、Ⅳ类中子孔隙度减小值序列约为 14.312%、14.080%、15.092%、14.817%，其分类成岩储集相的中子孔隙度测井曲线响应差异不明显。

图 3-21 中，Ⅰ类成岩储集相处于电阻率 9.98~75.91Ω·m，Ⅱ类处于 13.38~92.80Ω·m，Ⅲ类处于 17.02~93.99Ω·m，Ⅳ类处于 23.01~109.97Ω·m。它们随成岩储集相Ⅰ类、Ⅱ类、Ⅲ类、Ⅳ类电阻率序列约为 33.68Ω·m、37.01Ω·m、38.99Ω·m、53.56Ω·m，其分类成岩储集相具有较为明显的电阻率测井曲线响应特征差异。

四、分类成岩储集相测井响应特征及其参数敏感性

该区储层成岩储集相微观孔隙类型组合复杂，岩石孔隙结构非均质性强，孔喉细小，类型多样，构造了该区不同类型成岩储集相微观孔隙结构特征，形成了该区分类成岩储集相不同的储渗特征和测井响应特征。

从上述分类成岩储集相测井曲线响应特征分析，基本岩性系列以自然电位测井分布范围及其变化幅度差异最为明显，分类成岩储集相的评价和划分最为敏感；自然伽马测井在分类成岩储集相评价划分幅度差异也较大，识别成岩储集相类别较为敏感；光电吸收截面指数、井径测井也可以评价不同类别成岩储集相，但变化幅度差异不够明显。

自然伽马能谱系列以钾含量测井在分类成岩储集相评价划分变化幅度差异相对较大，识别成岩储集相类别也最为敏感；钍含量、铀含量测井在分类成岩储集相评价划分变化幅度差异变小，识别成岩储集相类别的敏感程度有所降低。

孔隙度系列以密度和声波时差测井为最佳，它们在分类成岩储集相的分布范围及其变化幅度差异为最大，识别成岩储集相类别最为敏感；中子孔隙度评价划分不同类别成岩储集相变化幅度差异和敏感度都不明显。电阻率测井系列在分类成岩储集相评价划分变化幅度差异相对较大，识别成岩储集相类别也十分敏感（表 3-4）。

从表 3-4 中可以明显看出，识别评价致密气藏成岩储集相以密度、声波时差、自然电位、自然伽马能谱钾含量测井为最佳，电阻率、自然伽马、自然伽马能谱的钍和铀含量测井为较好，井径、中子孔隙度测井较差，光电吸收截面指数居中。

表3-4　致密气藏分类成岩储集相测井曲线响应特征参数分析表

成岩储集相类别　测井参数分布范围	I类(甜点)			II类(甜点)			III类			IV类			敏感性综合评价
	参数范围	平均值	相对泥岩变化特征	参数范围	平均值	相对泥岩变化特征	参数范围	平均值	相对泥岩变化特征	参数范围	平均值	相对泥岩变化特征	
密度减小值/(g/cm³)	0.1667~0.3638	0.2386	最大(减小)	0.1187~0.3036	0.1795	较大(减小)	0.0448~0.1651	0.1077	较小(减小)	0.0124~0.1117	0.0630	微弱(减小)	最敏感
声波时差减小值/(μs/m)	-55.490~-3.046	-20.608	最大(增大)	-30.851~11.085	-12.232	较大(增大)	-14.276~31.864	4.588	较小(减小)	3.517~25.042	13.270	较小(减小)	最敏感
自然电位减小系数	0.557~0.963	0.805	最大(减小)	0.290~0.882	0.496	较大(减小)	0.068~0.510	0.321	较低(减小)	0.124~0.435	0.292	较低(减小)	敏感
伽马K减小系数	0.729~0.945	0.846	最大(减小)	0.542~0.858	0.758	较大(减小)	0.440~0.529	0.659	较小(减小)	0.289~0.730	0.612	较小(减小)	敏感
电阻率/Ω·m	9.98~75.91	33.68	数值较低	13.38~92.80	37.01	数值较高	17.02~93.99	38.99	数值较高	23.01~109.97	53.56	数值高	较敏感
自然伽马减小系数	0.851~0.974	0.926	最大(减小)	0.770~0.952	0.884	较大(减小)	0.627~0.903	0.816	较大(减小)	0.743~0.865	0.803	较大(减小)	较敏感
伽马Th减小系数	0.833~0.977	0.916	最大(减小)	0.812~0.985	0.897	较大(减小)	0.793~0.945	0.869	较大(减小)	0.774~0.928	0.853	较大(减小)	较敏感
伽马U减小系数	0.844~0.969	0.902	最大(减小)	0.807~0.987	0.890	较大(减小)	0.759~0.983	0.866	较大(减小)	0.809~0.927	0.865	较大(减小)	较敏感
光电吸收截面减小系数	0.525~0.854	0.678	较大(减小)	0.438~0.848	0.653	较大(减小)	0.319~0.855	0.567	较大(减小)	0.241~0.810	0.545	较小(减小)	一般
井径减小值/cm	-2.37~2.86	0.509	居中(减小)	-10.19~2.17	-0.978	增大	-5.779~2.098	-0.293	微增	-0.803~2.303	0.881	减小	较差
中子孔隙度减小值/%	10.392~22.692	14.312		2.622~20.733	14.08	较大(减小)	3.145~21.160	15.092	较大(减小)	10.598~20.875	14.817	较大(减小)	较差

第四节　致密砂岩气藏成岩储集相测井多参数定量分类评价方法

储层成岩储集相分类集中体现出岩性、物性及微观孔隙结构等地质因素对储层成岩储集相的控制作用。特别是该区致密气藏微观孔隙类型组合复杂，孔隙结构非均质性强，孔喉细小，类型多样，储层评价解释难度很大。因此，有必要利用测井资料在非均质致密储层背景上评价划分优质储层，把测井所采集的大量信息，系统、有序地转化为分类成岩储集相致密气识别评价的实用方法。上述Ⅰ类、Ⅱ类成岩储集相"甜点"相对于致密的Ⅲ类、Ⅳ类成岩储集相测井响应及其分布范围显示特征明显，且各测井参数敏感程度不同，这为致密气藏成岩储集相"甜点"筛选相对优质储层的测井定量评价划分提供了十分有效的信息。

一、成岩储集相定量综合评价指标体系的建立

任意单一测井参数值都不能综合准确的划分储层成岩储集相类别。因此，利用灰色理论集成，利用上述测井响应敏感性好的测井参数，结合流动层带指标 FZI 对该区盒 8 上储层成岩储集相进行统计，成岩储集相评价划分指标采用统计平均数据列：

$$X_{oi} = \{ X_{oi}(1)，X_{oi}(2)，\cdots，X_{oi}(n) \} \qquad (3-15)$$

式中，X_{oi} 为统计平均数据列；i 为 1，2，$\cdots$，n。

计算上述各评价参数和划分指标之后，依据该区成岩储集相分布特征及其"甜点"筛选分析方法，利用参数指标准确率与分辨率的组合分析对各项参数赋予不同权值，根据该区不同成岩储集相测井响应敏感程度进行参数统计分析与调整。密度和声波时差测井反映成岩储集相物性，它们识别成岩储集相最为敏感，分别赋予较大权重，自然电位和伽马能谱钾测井分别反映成岩储集相的渗透性和岩性，分别赋予相应权重。因此，建立起研究区盒 8 上致密砂岩储层成岩储集相及其"甜点"测井多参数综合评价的 10 个参数指标及权值（表 3-5）。

表 3-5　成岩储集相及其"甜点"测井多参数综合评价指标体系

特征性评价参数	储层成岩储集相评价标准				权系数
	Ⅰ类（甜点）	Ⅱ类（甜点）	Ⅲ类	Ⅳ类	
密度减小值/（g/cm³）	0.2386	0.1795	0.1077	0.0630	0.99
声波时差减小值/（μs/m）	-20.61	-12.23	4.59	13.27	0.96
自然电位减小系数	0.805	0.496	0.321	0.292	0.90
伽马钾减小系数	0.846	0.758	0.659	0.612	0.93
伽马钍减小系数	0.916	0.897	0.869	0.853	0.85
伽马铀减小系数	0.902	0.890	0.866	0.865	0.82
自然伽马减小系数	0.926	0.884	0.816	0.803	0.87
光电吸收截面减小系数	0.678	0.653	0.567	0.545	0.80
电阻率/Ω·m	33.68	37.01	38.99	53.56	0.83
流动层带指标 FZI	0.7819	0.6861	0.544	0.433	0.95

二、成岩储集相"甜点"筛选的综合评价方法

利用致密砂岩气藏储层测井响应参数计算统计结果,采用灰色理论成岩储集相及其"甜点"测井综合评价指标体系,分别密度减小值、声波时差减小值、自然电位、自然伽马减小系数、钾、钍、铀减小系数等10个指标,进行被评价数据的综合分析处理。采用矩阵分析、标准化、标准指标绝对差的极值加权组合放大及归一分析技术,计算灰色多元加权系数:

$$P_i(k) = \frac{\overset{minmin}{i \ k} \Delta_i(k) + A \overset{maxmax}{i \ k} \Delta_i(k)}{A \overset{maxmax}{i \ k} \Delta_i(k) + \Delta_i(k)} Y_i(k) \cdot Y_o(k) \tag{3-16}$$

式中,$P_i(k)$ 为数据 X_o 与 X_i 在 k 点的灰色多元加权系数;$\Delta_i(k) = |X_o(k) - X_i(k)|$;$\overset{maxmax}{i \ k} \Delta_i(k)$ 为标准指标两级最大差;$\overset{minmin}{i \ k} \Delta_i(k)$ 为标准指标两级最小差;$\Delta_i(k)$ 为第 k 点 X_o 与 X_i 的标准指标绝对差;$Y_o(k)$ 为第 k 点的权值;A 为灰色分辨系数。

从而可以得出灰色加权系数序列:

$$P_i(k) = \{ P_i(1), P_i(2), \cdots, P_i(n) \} \tag{3-17}$$

由于系数较多,信息过于分散,不便于优选,采用综合归一技术,将各点(参数)系数集中为一个值,其表达式:

$$P_i = \frac{1}{\sum\limits_{k=1}^{n} Y_o(k)} \sum\limits_{k=1}^{n} P_i(k) \tag{3-18}$$

式中,P_i 即为灰色多元加权归一系数的行矩阵。

最后,利用矩阵作数据列处理后,采用最大隶属原则,即 $P_{max} = \max\{ P_i \}$ 作为灰色综合评价预测结论,并根据数据列(行矩阵)的数据值,确定评价结论精度及可靠性。

从而,利用灰色理论集成和综合上述非均质性致密砂岩储层成岩测井响应参数定量分析的多种信息,实现了对致密砂岩储层成岩储集相及其"甜点"的测井多参数综合评价和定量分析,确定和划分出有效储集层分布和特征。

三、成岩储集相定量评价实例分析

图 3-22 为该区 Z65 井盒 8 上段致密气藏储层成岩储集相测井多参数综合评价成果图,图中 43 号层评价为Ⅳ类成岩储集相,44 号、45 号层为Ⅱ类成岩储集相"甜点",在该Ⅱ类成岩储集相井段射孔试气,日产气量 $0.55 \times 10^4 \text{m}^3$,它们明显反映出测井多参数定量综合评价划分致密气藏成岩储集相及其优质储层"甜点"的有效性。

四、成岩储集相"甜点"筛选致密气藏相对优质储层

以研究区盒 8 上灰色理论储层成岩储集相及其"甜点"定量评价为例(图 3-23)。

从图 3-23 中可以看出,Ⅰ类成岩储集相"甜点"主要分布在 Z4、Z7、Z51、Z80、T27、T28、SD11-69、SD13-65 等井区。该类盒 8 上储层处于多期叠置的单渗砂能量厚度大的曲流河分流河道边滩有利储集砂体中,成岩过程具有中压实和弱胶结特征,储层中粗粒刚性砂粒具有较高抗压性和成岩早期形成的颗粒表面绿泥石粘土薄膜阻止石英加大,保留的部分残

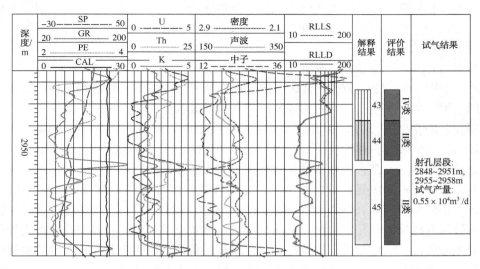

图 3-22　Z65 井盒 8 上段致密气藏储层成岩储集相测井多参数综合评价成果图

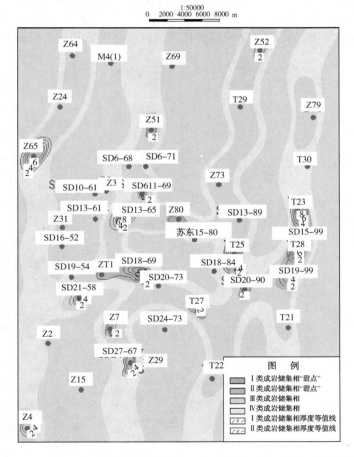

图 3-23　研究区盒 8 上储层成岩储集相定量评价及其"甜点"分布成果图

余粒间孔隙使其酸性水容易进入溶蚀不稳定杂基等，产生相对大量溶蚀孔。其单渗砂层能量厚度大，物性好，但面积小，连续性差，多呈较小豆荚、豆粒状分布，含气状况好，试气产量均大于 $1 \times 10^4 \mathrm{m}^3/\mathrm{d}$ 以上。

Ⅱ类成岩储集相"甜点"在平面上分布面积有所增大，主要分布在 T23、T25、ZT1、SD18-69、SD19-99、Z29、Z65 等井区。成岩过程具有较高压实、胶结和强溶蚀特征，岩石中易溶的岩屑、杂基和蚀变高岭石形成的溶蚀作用及其蚀变作用，形成了仅次于Ⅰ类硅质弱胶结粒间孔、溶孔型成岩储集相"甜点"又一类溶孔型成岩储集相优质储层。其单渗砂层能量厚度较小，物性较好，连续性稍好，多呈面积稍大的长豆荚、团块状分布在曲流河分流河道滞留充填叠置砂体及其边滩砂体处，试气产量均大于 $0.1 \times 10^4 \mathrm{m}^3/\mathrm{d}$ 以上。

Ⅲ类成岩储集相则主要分布在Ⅰ类、Ⅱ类成岩储集相"甜点"四周及曲流河河道延伸区域的 Z24、SD6-68、T29、SD13-89、T22、Z79、T23、T21 等井区。成岩过程具有高压实、胶结和溶蚀蚀变特征，在孔隙中蚀变沉淀呈分散质点式充填的高岭石晶间孔，可为储层提供了一定的储渗条件。物性较差，连续性较好，呈窄长条带状处于由北向南延伸的曲流河低能河道滞留充填砂体处，试气产量小于 $0.1 \times 10^4 \mathrm{m}^3/\mathrm{d}$，大多为气显示层。

Ⅳ成岩储集相则分布在该区盒 8 上曲流河河道四周及边缘的天然堤、决口扇及分流间湾砂体中，它们分布面积大。储层所含碳酸盐矿物方解石结晶粗大，易形成碳酸盐连晶式胶结，成为典型的成岩致密相储层，反映储层孔隙结构及其渗流和储集特征差。

第四章　致密砂岩气藏经济实用
测井系列优化评价技术

一般来讲，一种测井系列或测井方法需要获得尽可能多的地层信息，它对于致密气藏砂岩储层相对于非储层(泥质岩)要有岩性上的测井曲线差异，而对于含气层段相对于致密干层则应有物性和含气性上的测井曲线异常差异。也就是说，在致密气藏测井系列或测井方法优化评价中，一种测井曲线在砂岩含气层段储层中相对于泥质岩和致密干层都要有曲线异常和差异，判断测井曲线优劣就是评价含气层段相对于泥质岩和致密干层的曲线异常差异大小。因此，研究测井曲线与储层岩性、物性、含气性关系及其实用效果对于致密气藏评价是必不可少的。特别是在苏里格东区致密气藏储集砂体具有岩性、岩相和厚度变化大，储层低孔、低渗、复杂岩性、复杂孔隙类型、结构的三角洲平原沉积储层中，有生产能力的低孔、特低渗储层与无效层段之间差异很小。在其一般情况下，这类致密砂岩储层烃类在岩层总体积中所占比例不足 8%，加之不同孔隙结构及钻井液对井壁的高侵影响，以及储层成岩压实、胶结作用强烈，次生溶蚀孔隙和次生黏土矿物发育，导致储层孔隙结构非均质强，有效孔喉在总孔喉中所占比例低，储层测井响应十分复杂。因此，要想准确评价该区致密气藏和非均质分布储层及其含气性质，测井技术系列的优选评价显得尤为重要。

在实际应用中，任何一种测井曲线或测井方法都可以评价储层岩性、物性及其含气性质，它们在致密气藏含气储层中相对于泥质岩和致密干层的曲线差异和异常，为我们提供了可靠的储渗特征和含气信息。因此，对测井曲线提供的储层孔、渗、饱定量化信息及其资料归类，虽然沿用常规使用把测井系列划分为岩性系列、孔隙度系列和电阻率系列，但是这种测井系列划分和归类，并不局限它们在评价储层岩性、物性和含气性上各自单一的应用，而注重分别表述它们在四性关系上不同程度的作用。为此，我们对不同系列测井曲线应用和评价，都要特别强调其储渗特性和含气信息的提取，而且还要注重方法技术发展，加强其测井系列采集和资料深化应用研究。

本章分别采用常规使用的岩性系列、孔隙度系列、电阻率系列等方法在苏东研究区不同类型致密气藏储层的测井响应分析，开展常规测井系列的优化评价研究，为致密气藏储层实施经济实用最佳匹配测井系列提供可靠依据。

第一节　致密砂岩气藏岩性测井系列优化评价

岩性测井系列主要用来识别储层、划分岩性、区分泥质或非泥质地层，以及评价储层储渗特性和含气信息。一般来讲，各种测井方法都可以区分岩性，但在实际应用时，各种测井方法区分岩性的能力是不同的，它主要包括自然电位测井(SP)、自然伽马测井(GR)，还包括井径(d)、岩性密度测井(LDT)和自然伽马能谱测井(NGS)等。实用中也可以利用孔隙度测井和电阻率(含微电极系)测井划分评价储层。

一、岩性测井系列一般性分析

除自然电位、自然伽马是岩性测井系列的重要组成部分外，岩性系列中还包括井径测井、岩性密度测井、自然伽马能谱及相应的孔隙度、电阻率测井方法系列。

（一）自然电位、自然伽马测井

从前述沉积微相分析明显看出，自然电位、自然伽马测井曲线形态和特征与沉积相带及其储集砂体关系密切，它们对不同水动力条件造成的不同环境下的沉积层序在粒度、分选、泥质含量等方面特征响应十分敏感。利用自然电位、自然伽马同步减小的较大幅度评价划分三角洲平原河道砂体沉积微相带，利用自然电位、自然伽马减小的幅度差评价致密气藏砂体，提示划分堤岸砂体沉积微相带。它们在不同储集相带都有明显的异常减小。其中，自然电位是一种最好的测井方法，自然伽马评价不含放射性矿物储层也有较好效果。

（二）井径测井

井径（d）曲线划分储层也是不可缺少的，一般由于渗透层井壁存在泥饼，实测井径值一般较小（等于或略小钻头直径），且井径曲线（d）比较平直规则，这一特征可用来划分储层透层。

（三）岩性密度测井

岩性密度测井测量地层密度，更重要的是测量地层光电吸收截面指数和体积光电吸收截面，它极大地拉开了不同岩性之间的差距，可以更好地确定地层岩性及泥质含量与重矿物。

（四）自然伽马能谱测井

自然伽马能谱测井是根据铀、钍、钾放射性核素在衰变时放出的 γ 射线的不同能谱，采用能谱分析的方法，测定地层中铀、钍、钾的含量，并给出地层总的伽马放射性强度。它可以更好求取地层泥质含量，区分泥质砂岩和云母，寻找高伽马砂岩、碳酸盐岩储层及生油层。从而更多、更好地解决油气勘探开发中的地质问题。

（五）孔隙度、电阻率测井方法

孔隙度测井包括密度、声波时差、补偿中子测井划分储层透层也有明显作用，它可以判断储层及其岩性，确定孔隙性、透性好的油气储集层。

电阻率曲线高低也反映不同地层岩性，特别是不同径向探测电阻率的幅度反映泥浆侵入性质划分储层渗透层及其界面，具有明显效果。

各类测井方法在不同岩性响应的一般特征列于表4-1中。

表4-1　各种岩石的测井方法响应特征表

序号	测井方法	砂岩	低砂岩	致密砂	泥岩	石灰岩	白云砂	石膏硬石膏
1	自然电位	较大负偏	较小负偏	微小负偏	基值	异常	异常	基值
2	自然伽马	低值	低值	低值	高值	很低（比砂岩低）	很低（比砂岩低）	最低
3	井径	小于钻头直径	略小于钻头直径	接近钻头直径	大于钻头直径	接近钻头直径	接近钻头直径	接近钻头直径

续表

序号	测井方法	砂岩	低砂岩	致密砂	泥岩	石灰岩	白云砂	石膏硬石膏
4	光电吸收截面指数/(b/电子)	1.81	1.81	1.81	3.42	5.08	3.14	3.4~5.0
5	体积光电吸收截面/(b/cm³)	4.78	4.78	4.78	9.04	13.77	8.99	8.1~14.9
6	无铀自然伽马或钍、钾	低值	低值	低值	高值	很低	很低	最低
7	声波时差/(μs/m)	270	220	180	>300	165	155	164~171
8	密度/(g/cm³)	2.2	2.4	2.55	2.65	2.71	2.87	2.3~3.0
9	中子孔隙度/%	中偏高	中偏低	较低	高值	低值	低值	0~50
10	电阻率	中偏低	中等	较高值	低值	高值	高值	高值
11	微电极	中偏低明显正差异	中等正差异	中等锯齿状	低值无差异	高值锯齿状	高值锯齿状	高值

从表 4-1 中可以明显看出，各种测井方法都可以划分岩性和储集层，它们在划分和评价储层中都有一定效果。一般来讲，我们把表中前 6 类测井方法归类岩性测井系列加以评价，后 5 类测井方法在储层储集性和含油性评价中更有明显作用，因而分别分类在孔隙度测井和电阻率测井系列中加以评价(表 4-1)。

二、岩性系列测井响应评价

(一) 自然电位、自然伽马、井径、光电吸收截面指数测井响应效果评价

通过对该区 40 余口井 500 多个储层包括气层、差气层、气水同层、水层及干层上述岩性测井系列评价效果统计及数据分布分析(其中气层 43 个，差气层 95 个，气水层 9 个，水层 24 个，干层 371 个)，利用该区使用的自然电位、自然伽马、井径测井、光电吸收截面指数响应值可以不同程度评价划分储层(图 4-1)。

图 4-1(a)中，自然伽马减小系数从气层、气水层、差气层、水层到干层的各类岩性储层相对于泥岩测井响应减小程度显示都很大，总体显示出含气储层有明显的岩性特征。储层中含气的气层、气水层、差气层到水层测井响应减小幅度依次减小，含气层相对于致密的干层减小幅度依次增大，识别划分致密气藏含气层段有一定的异常差异。但对区分不同物性储层的减小程度差异显示都不够灵敏(相对于致密干层含气层减小幅度差异不大，水层则呈相对增大趋势)。

图 4-1(b)中，自然电位减小系数从水层、气水层、气层、差气层到干层的各类岩性储层相对于泥岩测井响应减小差异较大，含气储层有明显的岩性特征。储层中不同物性的渗砂层、差层到干层测井响应减小幅度依次减小，且差异较大，突显其储层渗透性特征。渗砂层中水层、气水层到气层测井响应减小幅度也依次有所减小，显示出其含气性质。特别是在该区含气层相对于致密的干层差异明显，识别划分致密气藏含气层段有较大异常差异。因此，自然电位在评价致密气藏储层岩性、物性和含气性上都有明显的实用效果。

图 4-1(c)中，光电吸收截面指数减小系数从气层到干层的各类岩性储层相对于泥岩测

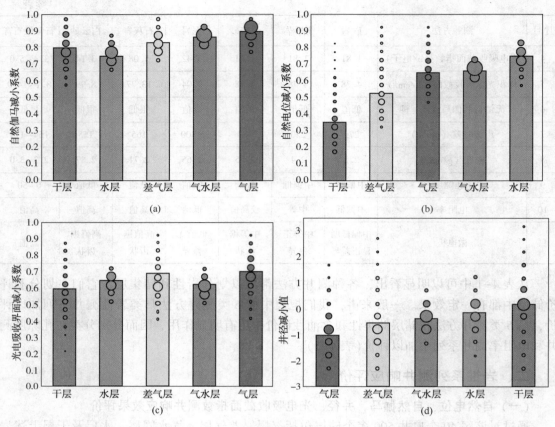

图 4-1　岩性测井系列识别划分致密气储层效果对比分析图

井响应减小程度都较大，总体显示出含气储层明显的岩性特征。储层中含气层相对于致密的干层测井响应减小程度有所增大，显示一定含气特征。因此，光电吸收截面指数在评价划分储层岩性及含气性有一定的效果。但对区分不同物性储层减小程度不够灵敏，差值变化幅度小，且不够稳定。

图 4-1(d)中，井径减小值在干层上相对于泥岩有所减小，在渗透层及其相应含气层段上井径相对于泥岩有不同程度增大，显示出一定的岩性特征。特别是储层含水增径小，含气增径大，其含气井径阶梯式增大，其中气水层比干层增大 5mm，差气层增大 7mm，气层增大 12mm，它们为致密储层中筛选新增气层有效厚度提供了有效信息。但对区分不同物性储层增大程度显示不够灵敏(差值变化幅度不大，且差气层比气水层、水层增径大)。

综上，自然电位在评价储层岩性、物性、含气性上都有明显效果，是岩性测井系列评价致密气藏储层不可缺少的重要参数；自然伽马在评价储层岩性及其含气性上效果也较为明显；井径测井评价在含气层上阶梯式增大，为致密气藏新增有效厚度提供了有效信息；光电吸收截面指数评价储层岩性上有较好效果。

（二）自然伽马能谱测井响应效果评价

自然伽马在评价储层岩性及含气性上效果明显，但在评价储层物性上显示不够灵敏，而自然伽马能谱测定储层中钾、钍、铀含量，它们在评价致密气藏储层中增加了更为有效评价方法及其参数。表图中减小系数是测井响应值相对于稳定泥岩值的减小程度（图4-2）。

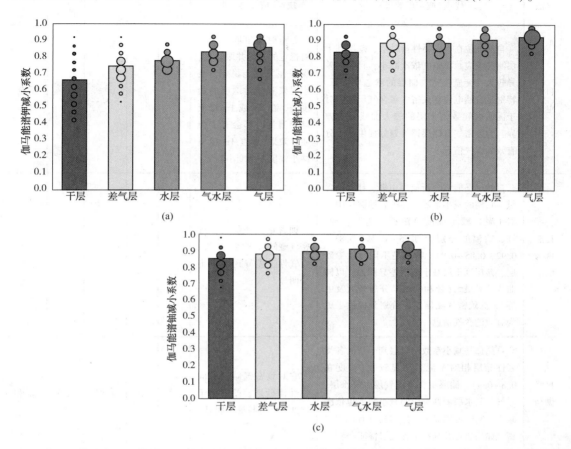

图4-2 自然伽马能谱测井识别划分致密气储层效果对比分析图

图4-2中，钾、钍、铀评价致密气储层岩性效果都十分明显，钾减小系数幅度在0.66~0.86，钍减小系数幅度在0.83~0.92，铀减小系数幅度在0.85~0.91，其中钾减小系数在不同含气储层差异明显。储层中不同物性的渗砂层、差层到干层减小幅度依次减小，突显其渗透性差异。渗砂层中气层、气水层到水层测井响应减小幅度也依次减小，显示其含气特征。特别是钾在含气层上相对于干层差异最大，钍和铀的差异也较明显（差异分居较大及中等），它们分别显示出自然伽马能谱相比自然伽马测井在致密气藏岩性、物性及含气性评价识别中都有更加明显的效果。

三、岩性测井系列综合评价对比

根据上述各种方法在致密气藏储层上的测井响应实用效果评价，分析各种测井方法在致密气藏储层评价中的特征及其主要优缺点或注意问题，制作了该区岩性测井技术系列分析对比与评价表（表4-2）。

表 4-2 岩性经济实用最佳匹配测井技术系列分析对比与评价表

方法	优点（或实用效果）	缺点（或注意问题）	实用效果评价			综合评价	推荐意见
			岩性	物性	含气性		
自然电位	自然电位在不同物性渗砂层、差层到干层测井响应减小幅度依次减小，且曲线差异较大，突显致密储层的渗透性特征。特别是自然电位在致密气藏含气层段相对于泥质岩和致密干层的较大曲线异常差异，为致密气藏储层评价划分提供了十分有效的含气信息	测量时要争取一个相对稳定的井筒井眼环境，保证泥浆性能稳定，淡水泥浆和相对地层的盐度差，在1m或1m以上储层测量时都会有十分明显效果（厚度1m以下减小幅度差会变小）	好	好	好	好	重点推荐
自然伽马能谱	自然伽马能谱分析储层中钾、钍、铀含量，它们的减小系数在各类岩性储层中相对于泥岩减小幅度呈阶梯式差异，钾、钍、铀幅度分别为 0.66～0.86、0.83～0.92、0.85～0.91，特别是不同物性渗砂层、差层到干层减小幅度差异明显，以钾曲线差异最大（钍和铀差异分居较大及中等），为致密气藏储层评价划分提供了更为有效的含气信息	铀含量在评价划分致密气藏储层岩性、物性、含气性上差异还不够十分明显	好	好	好	好	重点推荐
自然伽马	自然伽马减小系数从气层到干层的各类岩性储层相对于泥岩明显较大（幅度在0.8～0.9），储层中含气的气层、气水层、差气层到水层测井响应的减小幅度也依次减小，它们分别显示自然伽马具有识别致密气储层岩性及其指示含气层特征	它对致密气储层不同物性渗砂层、差层到干层曲线差异特征不明显	较好	中	较好	较好	推荐
井径	井径在储层含水增径小，含气增径大。特别是在含气层上阶梯式增大，为致密气藏新增有效厚度提供了有效信息	它对划分致密气藏储层与常规储层有不同响应特征。指示区分不同物性储层增大显示不够灵敏	中	较差	较好	中	辅助系列
光电吸收截面指数	有效光电吸收截面指数从气层、气水层到干层的各类岩性相对于致密干层减小幅度也明显较大。显示光电吸收截面指数识别致密气藏岩性特征明显	在划分致密气藏储层物性和含气性存在差异，其渗砂层与差层、含气层与水层差异不明显，且不够稳定	较好	较差	中	中	辅助系列

从表 4-2 中可以看出，5 种岩性系列测井方法在致密气藏含气层段相对于泥质岩和致密干层都有曲线异常差异，它们都可以不同程度地识别划分致密气储层岩性及其含气层段。特别是自然电位、自然伽马能谱钾、钍含量测井在评价储层岩性、物性和含气性上效果明显，它们测井曲线的异常差异为致密气储层评价提供了十分有效的含气信息。自然伽马测井因其测量成分中铀含量在评价致密气藏储层中差异不够明显（不同物性储层显示差异较小），在

评价划分致密气藏储层综合效果为较好。井径、光电吸收截面指数测井评价致密气藏储层效果居中，其测井曲线显示相对差异较小。

四、实例分析与应用

图 4-3 是该区 T28 井 H8 上层段测井系列识别评价致密气藏实用效果图例。

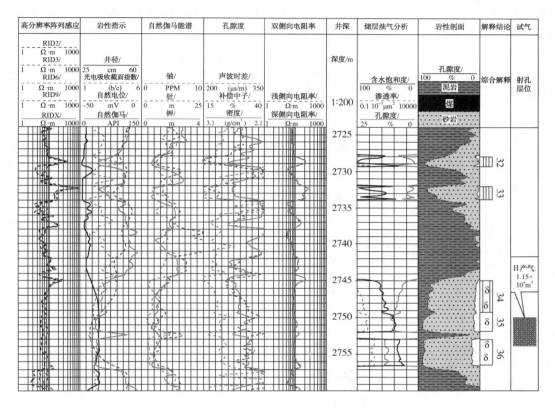

图 4-3 T28 井盒 8 上层段测井系列识别评价致密气藏实例

图 4-3 中，36、35 号气层相对于致密干层(33、32 号层)测井响应差异最为明显，34 号差气层差异则介于其中。其中，以自然电位在气层相对于干层减小幅度最大，自然伽马以及伽马能谱钾、钍、铀和光电吸收截面指数在差气层、气层上相对于干层呈明显阶梯式减小，井径也呈相应不同程度扩径变化。通过该井 35 号气层段射孔试气，日产气 $1.15\times10^4 m^3$，明显显示出岩性系列测井在评价识别致密气储层中的曲线异常特征和实用效果。其中，尤以自然电位、自然伽马和伽马能谱钾、钍曲线识别评价效果最佳，它们为致密气快速评价提供了十分有效的含气信息。

第二节 致密砂岩气藏孔隙度测井系列优化评价

密度、声波和中子测井值不仅与孔隙度有关，而且与岩性、孔隙流体性质有关。因此，对于单矿物岩性、孔隙完全含水的纯地层，根据一种孔隙度测井方法，如密度或中子测井，就能求出孔隙度；如果无次生孔隙，声波测井也可求出孔隙度。在有利条件下，也可采用电阻率法确定孔隙度。

一、孔隙度测井系列一般分析

孔隙度测井的探测深度一般都较小，对于储集层，其探测范围大多只限于冲洗带内，故孔隙流体性质(泥浆滤液)对测井值的影响一般可以忽略。确定储集层孔隙度的测井方法各自的特点和使用条件见表4-3。

表4-3　确定储集层孔隙度的测井方法

测井方法		方法特点	探测深度/m	含水纯地层的孔隙度	泥质影响	烃影响	次生孔隙度	适用条件(单独使用时)
声波		声速	0.30~0.50	$\Phi_s = \dfrac{\Delta t - \Delta t_{ma}}{\Delta t_f - \Delta t_{ma}}$	$\Phi_R = \Phi_t = \Phi_e + q\Phi_t$	仅对疏松砂岩有影响，使Φ_s增大	不反映	无次生孔隙、压实的纯地层
密度		电子密度	~0.15	$\Phi_D = \dfrac{\rho_{ma}-\rho_b}{\rho_{ma}-\rho_f}$	砂岩：$\Phi_D \approx \Phi_e$ 碳酸盐岩：Φ_D增大	使Φ_D增大	反映	不含天然气的纯地层
中子		含氢量	~0.30	直接孔隙度刻度 (石灰岩或砂岩单位)	$\Phi_N \approx \Phi_t$ $\approx \Phi_e + q\Phi_t$	使Φ_N减小	反映	低矿化度(热中子、中子伽马测井)、不含天然气的纯地层
电阻率法	R_o	电阻率	原状地层	$\Phi_R = \left(\dfrac{\alpha}{F}\right)^{\frac{1}{m}}$ ($F=R_o/R_w$)	影响大	使Φ_R减小，成为含水孔隙Φ_w	反映	不含油气的纯地层
	R_{xo}		冲洗带内	$\Phi_R = \left(\dfrac{\alpha}{F}\right)^{\frac{1}{m}}$ ($F=R_{xo}/R_{mf}$)		残余烃使Φ_R减小 $F = S_{xo}^2 \cdot \dfrac{R_{xo}}{R_{mf}}$		纯地层

二、孔隙度系列测井响应评价

通过对该区40余口井500多个储层包括气层、差气层、气水同层、水层及干层上述孔隙度测井系列评价效果统计及数据分布分析(其中气层43个，差气层95个，气水层9个，水层24个，干层371个)，密度(ρ_b)、声波时差(Δt)、中子孔隙度(Φ_N)都可以不同程度地识别划分致密气藏(图4-4)。图中减小值是测井响应值相对于稳定泥岩值的减小数。

图4-4(a)中，密度减小值对于不同岩性的气层、气水层、差气层、水层到干层相对于泥岩的减小幅度依次减小，差异也十分明显，评价储层岩性效果显著。储层中渗砂层相对于干层减小值明显增大，且随含气减小增大。特别在区内从含气层随差气层、气水层到气层减小值依次增大，它们与非含气的水层特别是干层差异十分明显。因此，密度测井在识别评价储层岩性、物性和划分致密气藏含气层段都有特别明显的异常差异和实用效果。

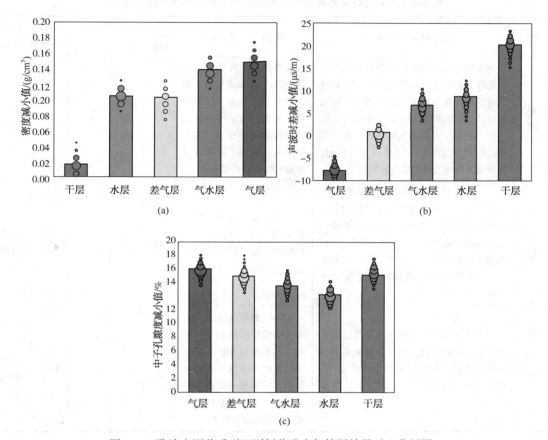

图4-4 孔隙度测井系列识别划分致密气储层效果对比分析图

图4-4(b)中，声波时差减小值从干层、水层到含气层依次减小，到气层声波时差还明显增大，显示出含气储层明显的岩性特征。储层中渗砂层减小值相对于干层明显减小，其中随含气声波时差阶梯式增大，从气水层到差气层声波时差减小值趋于零，到气层声波时差显著增大，差异十分明显。特别是含气层与非含气的水层尤其是与致密干层增大幅度很大，识别划分致密气藏含气层段有较大异常差异。它们显示出声波时差在评价储层岩性、物性和划分致密气藏含气层段都有十分明显的实用效果。

图4-4(c)中，中子孔隙度减小值对于不同岩性的含气层、水层到干层相对于泥岩的减小十分明显，岩性特征较为明显。储层中含气层相对于水层减小值增大，其减小值幅度随气水层、差气层到气层依次增大，识别区分含气层与水层效果较好。但中子孔隙度在含气层中相对于致密干层的减小和增大幅度都不明显，识别划分致密气藏含气层段异常差异及灵敏度较低。

三、孔隙度测井系列综合评价对比

根据上述三种方法在致密气藏储层上测井响应分析和评价上的主要特征及其优缺点（或注意问题），制作该区孔隙度测井技术系列分析对比与评价表（表4-4）。

表4-4　孔隙度经济实用最佳匹配测井技术系列分析对比与评价表

方法	优点(或实用效果)	缺点(或注意问题)	实用效果评价			综合评价	推荐意见
			岩性	物性	含气性		
密度	密度测井对于致密气储层岩性纵向分辨性强,曲线动态变化范围大。它划分致密气藏含气层段曲线差异明显,可以有效区识别薄含气层(0.2~0.4m)有效厚度。它相对于非含气层的密度减小反映出致密储层最为敏感的含气信息,评价划分致密气储层综合效果最好	补偿密度测井贴井壁探测地层在150mm以内,能在井筒井眼状态及仪器种类、刻度、稳定性较好的储层探测地层密度,但在井筒井眼状态不好则难于准确真实探测地层密度	好	好	好	好	重点推荐
声波时差	声波测井对于致密气藏储层岩性纵向上分辨性强,曲线动态变化范围大。它相对于非含气层的声波时差增大亦成为划分致密气藏储层最为敏感的含气信息,因而,识别致密气藏含气层段曲线差异明显,评价致密气藏储层综合效果亦最好	声波时差在致密气藏差气层段与泥岩相差不大,识别划分差气层实用效果受限	好	好	好	好	重点推荐
中子孔隙度	中子孔隙度对于致密气藏含气层段相对于水层的减小幅度明显,其减小值幅度随水层、差气层到气层依次增大,识别区分致密气藏含气层与水层效果较好	中子孔隙度在致密气藏含气层段中因挖掘效应而有不同程度减小,反映中子孔隙度在含气层段测井值相对于致密干层的曲线差异小,评价识别致密气藏含气层段效果较差	中	较差	较差	较差	辅助系列

从表4-4可以看出,孔隙度系列相对于泥质岩和致密干层密度的减小和声波时差的相对增大反映出致密气藏储层最为敏感的含气信息,显示出密度、声波时差测井在评价储层岩性、物性和识别含气层段效果显著,评价划分致密气藏储层综合效果最好。中子孔隙度测井在划分储层岩性及区分含气层与水层有一定效果(相对于水层减小幅度较大),但在含气层段中子孔隙度因挖掘效应而有不同程度减小,反映其中子孔隙度测井值相对于致密干层的曲线差异很小,识别划分致密气藏含气层段效果较差。

四、实例分析与应用

图4-5是该区Z4井H8下层段测井系列识别评价致密气藏实例。

图4-5中,含气层相对于致密的干层测井响应差异明显,从44号干层、45号差气层到46号气层自然电位减小幅度明显增大,气层自然电位减小幅度最大,其自然伽马、伽马能谱钾、钍、光电吸收截面指数减小幅度也依次增大。特别是孔隙度系列中的气层密度$2.46g/cm^3$,声波时差$260\mu s/m$,差气层密度$2.53g/cm^3$,声波时差$241\mu s/m$,致密干层密度$2.66g/cm^3$,声波时差$211\mu s/m$,其含气层相对于干层差异十分明显。通过该井45号、46号含气层段射孔试气,日产气$4.17\times10^4 m^3$。从而可以看出,密度和声波时差在含气层段上有最为明显曲线异常差异,为识别评价致密气提供最为敏感的含气信息。

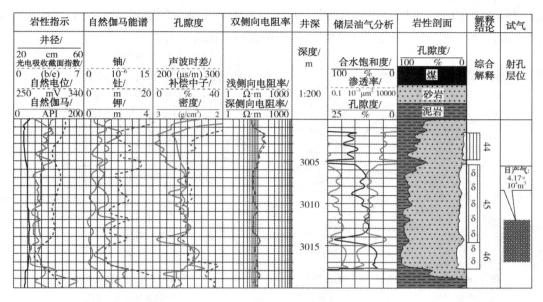

图 4-5　Z4 井盒 8 下层段测井系列识别评价致密气藏实例

第三节　致密砂岩气藏电阻率测井系列优化评价

目前，测量地层电阻率所采用的两类基本测井方法是感应测井和侧向测井，最常用的是感应测井。由于感应测井(IL)和侧向测井(LL)采用了探测深度适当的纵向聚焦系统，使其测井值受井眼和围岩的影响较小，也就是说需要做的校正量一般较小。所以，利用这些测井值可以在较宽条件内求得准确的岩层真电阻率 R_t。

一、电阻率测井系列选择分析

当泥浆侵入不太深时，深感应(IL_d)或深侧向(LL_d)测井值与 R_t 十分接近。因此，在初步的测井计算或交会图中，在绘制快观解释图件时，都可直接采用未经环境校正的测井值代替 R_t。

当泥浆侵入较深时，侵入带对感应测井或侧向测井值的影响就不能忽略。侵入带对感应测井和侧向测井的影响方式是不同的。近似地看，侵入带与原状地层对感应测井的涡流来说是并联的，而对于侧向测井电流它们串联的，如图 4-6 所示。这意味着，感应测井受两个带中电阻率较低的带的影响较大。因此，如果 $R_{xo} > R_t$ 时，采用感应测井确定 R_t 较侧向测井优越；如果 $R_{xo} < R_t$ 时，选用侧向测井较好。

图 4-7 说明在给定条件下，使用哪种测井方法才能有效地确定 R_t。该图版是斯仑贝谢公司根据其常用的仪器条件绘制的。制作图版时考虑了最大侵入深度(d_i)达 2m 且可能存在明显的低阻环带，在图中对三种 R_w 值绘制了相应的曲线。使用该图优选测井方法时，根据目的层可能的孔隙度和 R_{mf}/R_w 值，在图中得一交会点。如果交会点位于相应 R_w 线(指估计的

63

地层水电阻率线)的右上方,则选用感应测井;如果交会落在相应 R_w 线的左边且在垂直虚线 $(R_{mf}/R_w=2.5)$ 的左边,则使用侧向测井比较有效;如果交会点位于相应 R_w 线下方且在垂直虚线右边,则必须同时采用感应和侧向测体两种方法方能对 R_t 作较有效的解释。

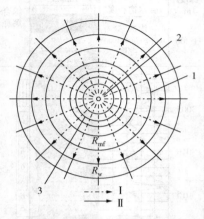

图 4-6 感应测井和侧向测井的是电流线

Ⅰ—侧向测井电流线;Ⅱ—感应测井涡流线;

1—侵入带外界;2—电极及感应仪器;3—井壁

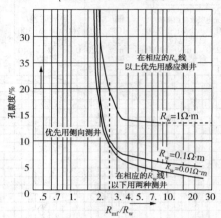

图 4-7 优选感应测井或
侧向测井的图版

一般地说,$R_{mf}>3R_w$ 时,为了得到更精确的 R_t 应采用感应测井,当 R_{mf} 接近或小于 R_w 时,应优先使用侧向测井。在钻井过程中,由于泥浆柱压力一般大于地层压力,所以在储集层(透层)发生泥浆侵入是不可避免的。其结果是使 R_t 测量复杂化,但同时也为测井分析者提供一组评价储集层有意义的参数:R_{xo}、R_i 和 R_t。它们的组合不仅可确定地层的含烃饱和度 S_h 和冲洗带残余烃饱和度 S_{hr},还可给出电阻率径向变化特征,有利于含油性的定性判断。

为获取这些有价值的饱和度参数,必须采用具有浅、中、深探测深度的三种电阻率或多种电阻率测井组合。这是由于侵入带的存在,使每种电阻率测井(聚焦型)的电阻率响应方程中,都包含有至少三个未知量(R_{xo}、d_i 和 R_t)。显然,为求准这三个未知量及其电阻率径向变化规律,至少要有分别主要反映浅、中、深介质情况的三种电阻率或多种阵列电阻率测井,组成一个电阻率径向探测的测井系列。目前,常用的各种电阻率测井方法及探测深度见表 4-5。

表 4-5 各种电阻率测井及探测深度

系　列	测井方法	探测深度		
		冲洗带	侵入带	原状地层
感应测井	深感应(6FF40)			√
	双感应:深感应(ILd)和中感应(ILm)		√	√
	高分辨率阵列感应(ID2、ID3、ID6、ID9、IDX)	√	√ √	√ √
普通电阻率测井	电位电极:短电位(16″)和长电位(64″)		√	√
	梯度电极(18′8″)			√

系　　列	测井方法	探测深度		
		冲洗带	侵入带	原状地层
侧向测井	三侧向：深三侧向(LL_3^d)和浅三侧向(LL_3^8)		√	√
	七侧向：深七侧向(LL_7^d)和浅七侧向(LL_7^8)		√	√
	双侧向：深侧向(LLd)和浅侧向(LL_5)		√	√
	高分辨率阵列侧向(LA1、LA2、LA3、LA4、LA5)	√	√　√	√　√
	八侧向(LL_8)		√	
	球形聚焦(SFL)		√	
微电阻率测井	微电极测井(ML)	√		
	微侧向测井(MLL)	√		
	邻近侧向测井(PL)	√		
	微球形聚焦测井(MSFL)	√		

　　实际工作中，油田根据各自测井环境和储层电性特征合理选择相应的测井系列，保证它们能够反映储层冲洗带、侵入带和原状地层电阻率。对于长庆致密气藏储层最常用的双侧向-微球测井及高分辨率阵列感应、高分辨率阵列侧向测井组合等。它们是浅、中、深探测和多种探测电阻率组合。在许多情况下，它们都能求取 R_t、R_{xo} 及其不同探测范围电阻率，并且能够确定储层深侵入或浅侵入，有效地判断储层含油气性质。

二、电阻率系列测井响应评价

　　高分辨率阵列感应、阵列侧向和双感应电阻率测井分别利用 5 个和 2 个测井探测系统，它们不同电极系对致密气藏储层的探测范围及其精度和效果不同。图 4-8 是该区目的层段 40 余口井 500 多个不同类型储层包括致密的干层、差气层、气层、气水同层、水层电阻率测井系列评价效果统计。

　　图 4-8（a）中，高分辨率阵列感应电阻率在致密的干层上最高，深电阻率达 55Ω·m；而水层电阻率最低，深电阻率为 9Ω·m。储层中差气层、气层、气水层相对于干层电阻率明显降低，深探测电阻率分别为 42Ω·m、24Ω·m、21Ω·m，它们低于干层和高于水层电阻率差异明显（低于干层差异分别达 13Ω·m、31Ω·m、34Ω·m）。特别是含气层（气层、差气层、气水层）电阻率在径向探测中呈正差异，水层电阻率呈负差异，干层电阻率差异不明显，明显地显示出含气层、水层、干层电阻率径向探测特征。从而十分有效地反映出致密气藏储层储渗特性和含气性质。

　　图 4-8（b）中，高分辨率阵列侧向电阻率在致密的干层上最高，深电阻率达 53Ω·m；而水层电阻率最低，深电阻率 27Ω·m。储层中差气层、气层、气水层相对于干层电阻率明显降低，深探测电阻率分别为 41Ω·m、33Ω·m、34Ω·m，它们低于干层的电阻率差异明显（差异分别为 12Ω·m、20Ω·m、19Ω·m）。特别是含气层（气水同层、气层、差气层）电阻率在径向探测中呈正差异，水层呈负差异，干层电阻率差异不明显，显示出含气层、水层、干层的径向电阻率特征。从而较好地反映出致密气藏储层储渗特性和含气性质，但含气层与水层电阻率差异还不够十分明显。

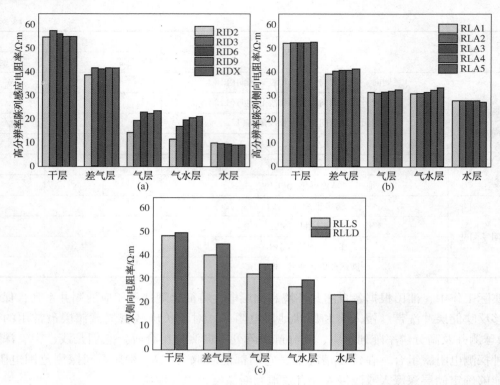

图4-8　电阻率测井系列识别划分致密气储层效果对比分析图

图4-8(c)中，双侧向电阻率在致密的干层显示最高，含气层和水层显示降低，含气层电阻率低于干层和高于水层。它们也在径向探测中对含气层和干层显示正差异，水层显示负差异。从而可以反映致密气藏储层储渗特性。但它们在干层和差气层高，深电阻率达50Ω·m和45Ω·m；水层和气水层电阻率低，深电阻率21Ω·m、30Ω·m；气层电阻率37Ω·m居中。它们在差层识别差气层、在渗砂层中识别气水层差异不大，且含气层与干层显示正差异也难于区分。

第四节　致密砂岩气藏经济实用测井系列优化评价

目前，测量地层电阻率所采用的两类基本测井方法是感应测井和侧向测井，最常用的是感应测井。由于感应测井(IL)和侧向测井(LL)采用了探测深度适当的纵向聚焦系统，使其测井值受井眼和围岩的影响较小，也就是说需要做的校正量一般较小。所以，利用这些测井值可以在较宽条件内求得准确的岩层真电阻率R_t。

一、测井系列评价对比

根据各类测井技术系列的分析对比和评价，岩性系列以自然电位、自然伽马能谱测井为好，自然伽马测井效果较好，井径、光电吸收截面指数测井居中。孔隙度系列以密度、声波时差测井为好，中子孔隙度测井较差。电阻率系列以高分辨率阵列感应测井为好，高分辨率阵列侧向测井较好，双侧向测井居中(表4-6)。

表 4-6　致密气藏测井系列综合评价对比表

测井系列	测井方法	储层响应特征					动态变化特征			综合评价
		气层	气水层	差气层	水层	干层	岩性	物性	含气性	
岩性系列	自然电位减小系数	0.65	0.66	0.52	0.75	0.35	好	好	好	好
	钾减小系数	0.86	0.83	0.74	0.77	0.66	好	好	好	好
	钍减小系数	0.92	0.91	0.88	0.88	0.83	好	好	好	好
	铀减小系数	0.91	0.91	0.88	0.90	0.85	较好	较好	较好	较好
	自然伽马减小系数	0.90	0.86	0.83	0.84	0.80	好	中	好	较好
	井径减小值	-1.00	-0.30	-0.49	-0.10	0.19	中	较差	较好	中
	光电吸收截面减小系数	0.70	0.62	0.69	0.65	0.60	好	较差	中	中
孔隙度系列	密度减小数/（g/cm³）	0.149	0.139	0.103	0.105	0.017	好	好	好	好
	声波时差减小数/（μs/m）	-7.73	6.96	0.97	7.15	20.48	好	好	好	好
	中子孔隙度减小数/%	16.39	14.19	15.46	12.95	15.62	中	较差	较差	较差
电阻率系列	高分辨率阵列感应	23.52	21.32	42.22	9.24	55.42	好	好	好	好
	高分辨率阵列侧向	32.91	33.67	41.49	27.51	53.15	较好	好	较好	较好
	双侧向	36.56	29.84	45.27	21.03	50.11	中	较差	中	中

　　根据该区致密气藏测井系列综合评价结果，提出该区致密气藏探井、评价井及开发井测井技术系列实用效果优化评价推荐表(表4-7)。

表 4-7　致密气藏测井技术系列实用效果优化评价推荐表

测井系列	好	较好	中(尚存在问题)	较差(尚存在问题)
岩性系列	自然电位	自然伽马	井径	
	自然伽马能谱		光电吸收截面指数	
孔隙度系列	密度			中子孔隙度
	声波时差			
电阻率系列	高分辨率阵列感应	高分辨率阵列侧向	双侧向	

二、致密气藏储层测井系列优化评价及建议

　　(1) 利用该区致密气藏测井系列的储层类型识别、储渗特性和含气性质分析，开展了该区常规使用的10多种测井方法技术的优化评价研究。通过该区40余口井500多个不同类型致密气藏储层相对于泥质岩和致密干层的测井曲线异常差异大小统计对比及应用，阐明了岩性系列以自然电位、自然伽马能谱测井为好、自然伽马测井为较好，井径测井及光电吸收截面指数测井居中。孔隙度系列以密度、声波时差测井为好，中子孔隙度测井较差。电阻率系列以高分辨率阵列感应测井为好，高分辨率阵列侧向测井为较好，双侧向测井居中。

　　(2) 在该区致密气藏评价和挖潜中，利用上述测井曲线异常差异大小统计对比，体现出含气层段气体最大渗透力及其"无孔不入"的特点，反映在不同程度含气层段测井曲线差异明显。其中，相对于泥质岩和致密干层密度的减小和声波时差的相对增大是致密气藏储层最为敏感的含气信息，自然电位、自然伽马能谱测井曲线相对于致密干层的异常差异也为致密

气藏储层评价划分提供了十分有效的含气信息。高分辨率阵列感应、阵列侧向、双侧向电阻率以及自然伽马、光电吸收截面指数、井径测井曲线相对于致密干层的差异，也为致密气藏储层挖潜提供相互匹配的含气信息。利用这些测井曲线的优化组合分析，对苏里格东区老井资料信息进行挖掘和重新认识，从而有效划分和筛选新增气层有效厚度。

（3）该区致密气藏储层评价中所涉及水层段很少，它们相对于含气层段测井曲线差异也很明显，包括利用中子孔隙度、密度较大升高和声波时差、电阻率明显降低划分出水层，有效地区分含气层、水层及确定含气层界面（自然电位、自然伽马、伽马能谱及井径等测井也有不同程度区分气层、水层的曲线差异）。

（4）在致密气藏气田实施经济实用测井技术系列中，岩性系列除使用自然电位、自然伽马、光电吸收截面指数外，加测自然伽马能谱分析方法，测定地层中钾、钍、铀含量，以区分泥质砂岩、云母、高伽马砂岩及生烃岩；井径测量要利用 X、Y 井径全方位分析井筒井眼状况，以准确反映井眼状态与致密气藏储层岩性及其储渗关系。孔隙度系列要进一步提高密度、声波时差及中子孔隙度资料采集和应用研究，深入分析和提取中子孔隙度测井中的致密气藏含气信息，保证在井筒井眼状态较好的致密气藏储层中探测出不同测井地层信息。电阻率系列则尽量利用高分辨率阵列感应或阵列侧向测井取代双侧向测井，以其足够准确的气层电阻率及径向探测特征，有效地提高致密气藏储层的探测精度和实用效果。

（5）加强对常规测井在致密气储层中机理的深入分析研究，完善测井储层解释评价。对偶极横波、核磁共振及微电阻率扫描成像等新技术测井系列加强研究使用。为获取气田勘探开发最大经济效益，做到根据井眼技术状况和录井及时信息适时增减测井项目，实施经济实用最佳匹配测井系列。

（6）在该区储层测井系列优化评价研究中，要深入分析低孔、特低渗、复杂岩性、复杂孔隙类型、孔隙结构致密气藏储层特征，阐明致密气藏储层沉积、成岩储集相及岩石物理相分类与测井曲线响应特征，结合地质取心及其录井、井眼技术状况，加强测井系列采集和资料深化研究，为致密气田选用测井方法技术、研制增测新方法项目、提升致密气藏储层定性识别和定量评价能力提供可靠依据。

第五章 致密砂岩气藏储层岩石物理相评价划分技术

目前，评价砂泥岩剖面地层的地质参数大体上可分为两大类：一类为储层孔隙度、渗透率、含气饱和度和有效厚度，它们是油气田勘探开发的主要依据之一；另一类为储层泥质（黏土）含量、粒度中值等，它们则是影响以上四项参数的重要因素，利用测井资料计算上述两类参数的解释模型与分析方法，是构成当代测井定量解释技术中最成熟与最重要的部分。而钻井取心的物性、粒度分析资料则是刻度测井解释的指标。国内外迄今尚无通用的参数求取方法和技术，主要矛盾仍然是测井采集的信息量与实际利用率之间的不平衡。因此，本书主要采用苏里格气田东部地区部分关键井测井、地质、岩心、试气资料，进行资料整理和综合分析，利用岩石物理相分类研究致密气藏储层参数建模和有效厚度，以统计分析提取有效储层中岩石物理相的多种信息，有效地反映出该区致密气藏储层不同岩石物理相形成的地质特征及其分布规律。

Spain D R 等 1992 年提出在单井剖面上划分岩石物理相类型，国内学者相继进行储层岩石物理相分类及划分，它们采用的方法主要是流动层带指标法及其模式识别法。但是采用单一或局部参数值不能准确表征储层岩石物理相特征，例如流动层带指标 FZI 值实际上是由孔隙度、透率参数决定的，同一地区相对的高孔、高渗或低孔、低渗韵律段储层都有可能导致同一 FZI 值。因此，本书采用灰色理论集成，综合利用反映储层流动层带指标的多种测井响应，从不同角度显示出该区储层渗流、储集及非均质性等岩石物理相特征，利用分类岩石物理相进行储层参数建模，确定气层有效厚度，实现将致密气藏储层非均质、非线性问题转化为相对均质、线性问题解决，提高测井解释精度和效果。

第一节 测井地质基础性数据整理及其岩性的测井响应参数标准

基础性数据的整理是区块储层评价及测井解释研究的基础工作，是建立测井解释方法和进行多井评价的关键。为了提高和保证储层参数计算及测井解释的精度，在进行区块测井储层参数研究和评价处理之前，首先要考虑测井、岩心及地质资料的质量，进行一系列的基础性数据整理，包括岩心资料深度归位，提取岩心深度的测井数据，测井数据归一化、样本选取、分层与取值，以及划分致密气藏储集层，建立地层岩性评价的电性标准，对于该区测井资料的分析和储层评价，都是十分重要的。为此，我们从测井解释、四性关系研究出发，开展了一系列基础性数据整理和分析工作。

一、岩心资料深度归位

在四性关系研究过程中，我们是以岩心分析数据或地层测试结果为期望输出的，这就要求这些样品的深度与真实反映其特征的测井数据深度一一对应。但由于钻井取心过程中钻时、钻速、岩心收获率等的影响，钻井取心深度与测井深度可能存在一定的偏差，而且这种偏差对于不同的取样层段还可能不完全一致。由于生产测试采用测井深度，一般需要对岩心数据以测井曲线深度为基准进行归位校正。

采用归位图示法和相关对比法进行深度归位。其中，归位图示法是把岩心孔隙度绘成与深度相关的杆状图，并与测井响应曲线对应，找出岩心与测井深度之间的深度误差。从而，十分直观地确定出归位校正值。

相关对比法则采用相关函数描述归位深度和移动量，利用如下相关函数：

$$R(t) = \frac{\sum\limits_{i=k+1}^{k+n} (X_i - \bar{X})(Y_{i+t} - \bar{X})}{\sqrt{\sum\limits_{i=k+1}^{k+n} (X_i - \bar{X})^2 \sum\limits_{i=k+1}^{k+n} (Y_{i+t} - \bar{Y})^2}} \tag{5-1}$$

式中　X_i——各深度岩心相关点分析值；

$\bar{X}$——岩心段内所有相关点的平均值；

Y_{i+t}——测井曲线上用线性内插求出的与取心点对应测井响应值，即岩心深度移动 t 采样点数处的测井响应值；

$\bar{Y}$——进行相关对比的测井曲线段上各采样点的平均值；

n——窗口对应的采样点数；

k——1/2 窗长（可以认为取心段范围的一半）；

t——岩心段相对于测井曲线移动的采样点数。

在岩心深度归位的相关对比中，以测井曲线为基准，移动岩心分析段。即给定窗长和步长，在移动岩心段的过程中求出各个位置的相关函数值。其中，相关函数极大值就是岩心与测井曲线对比的最好位置，他们之间的深度差就是要确定的深度移动量。

采用上述方法，对苏里格东区 34 口取心井进行岩心归位，利用声波时差、密度、中子孔隙度测井曲线对岩心孔隙度进行深度归位校正。校正结果表明，岩心深度一般在 1~2m，最深在 3200m 左右，其归位校正量不大，最大达到 4m，符合归位校正误差分析规律及校正范围。

图 5-1~图 5-4 分别是该区 T22、Z37、Z29 和 Z69 井目的层部分层段岩心孔隙度（杆状）与声波时差、密度、中子孔隙度测井深度归位图（图中各井岩心深度分别归位校正 -1.2m、-2.0m、0.5m 及 -0.9m）。从图中可以明显看出，归位后岩心孔隙度所反映的声波时差、密度、中子孔隙度测井响应数据的吻合程度有了明显提高。

二、测井数据的分析整理及取值方法

（一）测井数据归一化

测井解释在进入评价和样品网络之前，其数据要进行归一化，使数据大小能够较好反映所研究储层参数变化。但是，在归一过程中，各测井曲线归一化极值的选取却带有很大的人为性和经验性，不同选值所造成归一化系数结果的差异，对于所建立的解释模型（权值及阈值）特征，特别是预测数据会有较大的影响。因此，在一个地区需建立归一化的统一标准，比如对于孔隙度研究，声波时差、中子孔隙度、密度测井值的两个极值可以分别反映孔隙度

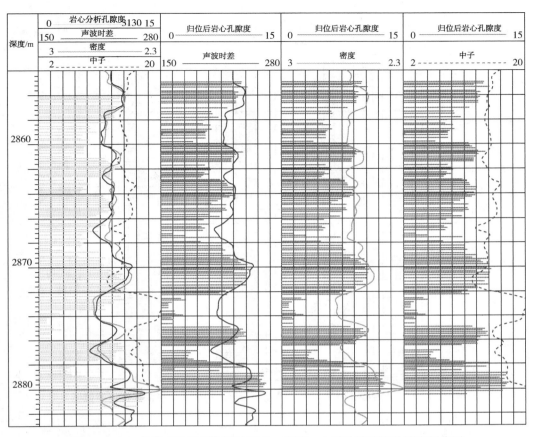

图 5-1 T22 井岩心孔隙度与声波时差、密度、中子孔隙度测井深度归位图

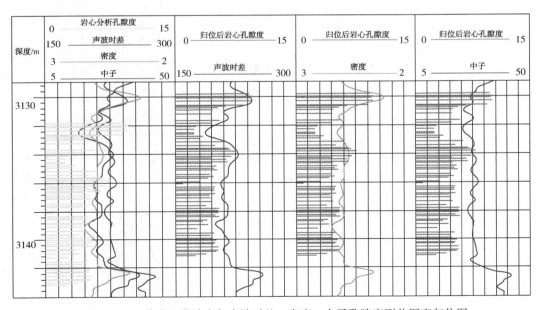

图 5-2 Z37 井岩心孔隙度与声波时差、密度、中子孔隙度测井深度归位图

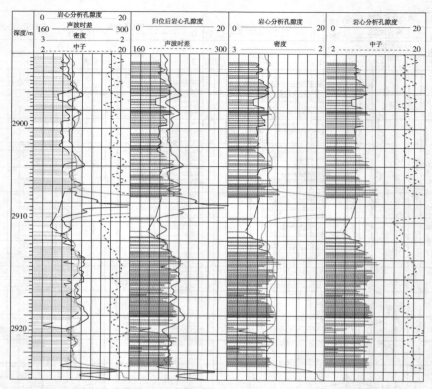

图 5-3 Z29 井岩心孔隙度与声波时差、密度、中子孔隙度测井深度归位图

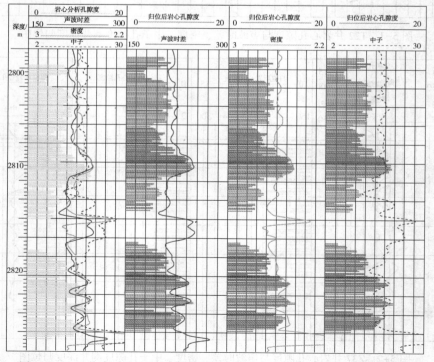

图 5-4 Z69 井岩心孔隙度与声波时差、密度、中子孔隙度测井深度归位图

的变化范围，故将其极值与相应最大、最小孔隙度相对应；自然伽马、自然电位和电阻率测井的两个极值分别代表纯砂岩、纯泥岩的测井相应，分别将其极值与相应纯砂岩、泥岩相对应，例如自然电位减小系数，电阻率相对值等。按照这种原则，在该地区选取了归一化标准值，保持了各井归一化值的统一性，减少了人为因素，且简单易行。

（二）提取代表性的样本数值

在实际分析和资料处理中，组成样本或网络集中的样本都要有充满的代表性。因此，在进入模型研究之前，首先要从地区岩心分析数据中选择特征明显、规律性强、代表性好（与测井响应有较好对应关系）的层点数据作为样本。影响样本代表性的因素有：取样分析的随机性，岩心分析误差，测井曲线上非地质因素干扰，以及某些测井数据对地层特性的反常响应等。为此，采用以下原则筛选样本：

（1）剔除个别明显反常的奇异点。

（2）适当减少相同特性的样本数，以避免特征相同的样本数比例过大，造成所谓的"过学习"问题，不利于解释模型推广应用。

（3）适当补充特性明显的典型样本，以充实样本集。特别是井下情况千差万别，岩心分析量又十分有限，许多在测井曲线上有明显特征，并且还具有区域普遍性的层点，却无岩心分析数据，如低孔隙的致密层，特高孔隙层等。对此，采用反算方法将这类点补充在样本集中。

（三）储层分层识别和取值方法

测井响应反映了一定探测范围内的综合效应，参数计算采用地层单位选择样本。利用该区收集到的测井曲线、岩心资料及地质分层数据为基础，以极值方差分层识别方法技术，由计算机自动完成目的层段分层识别处理工作，其测井曲线取值方法和原则如下：

（1）厚度小于 1m 时，其值尚有变化，可以忽略，不取值。

（2）厚度 1~2m 时，因其层较薄，可以取测井曲线峰值为该层特征值。

（3）厚度大于 2m 时，可以视其为厚层，去掉上下两个界面响应点，然后再取其曲线平均值为该层特征值。

三、岩性的测井响应关系图版

岩性、物性与电性研究是储层和有效厚度标准研究基础的工作。因为一个油气田取心井是有限的，大量的探井、开发井储层岩性及其物性资料，是采用有限的岩心资料与相对应的电性建立关系求得的。

利用常规测井资料研究划分岩性，主要采用该区目的层段测井解释划分致密气藏砂岩储集层段，参考相应的岩心薄片和粒度分析资料，选择代表性渗砂层、致密砂层及泥岩层段，分别提取目的层段测井参数建立岩性交会图版，利用线性刻度的纵横坐标，找出划分岩性的最佳关系及其界面，用以解决致密气藏储层岩性划分标定。

岩性孔隙度测井在苏东研究区的最佳系列是密度、声波时差、自然电位、自然伽马及自然伽马能谱测井，它对于划分储层及其岩性是十分重要的，因为这些测井系列对于致密气藏砂岩储层相对于致密干层的评价和解释为致密气藏提供最为敏感及有效的含气信息，它们在该区致密气藏评价中找出渗砂层、致密干层及泥质层的划分界线是必不可少的。为此，本书选用密度测井为基准，采用自然电位、自然伽马、自然伽马能谱、光电吸收截面指数、中子孔隙度及声波时差测井曲线方法，利用钻井剖面中的岩心及其相应的测井解释为标定模板，依照上述分层和取值方法，建立起研究区目的层段测井解释岩性图版下限标准。

（一）自然电位减小系数与密度测井岩性图版标准

利用图 5-5 该区目的层段自然电位减小系数（α）与密度（ρ_b）关系，分别确定渗砂层、致密干层自然电位减小系数（α）下限标准 0.40、0.30；以及渗砂层、致密干层密度（ρ_b）下限标准 2.55g/cm³、2.68g/cm³。

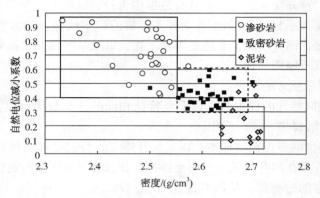

图 5-5　自然电位减小系数（α）与密度（ρ_b）岩性关系图

（二）自然伽马减小系数与密度测井岩性图版标准

利用图 5-6 该区目的层段自然伽马减小系数（GR_1）与密度（ρ_b）关系，分别确定渗砂层、致密干层自然伽马减小系数（GR_1）下限标准 0.73、0.63；以及渗砂层、致密干层密度（ρ_b）下限标准 2.55g/cm³、2.68g/cm³。

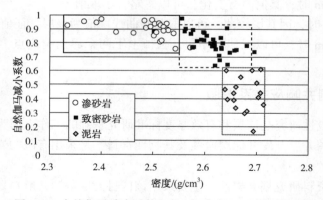

图 5-6　自然伽马减小系数（GR_1）与密度（ρ_b）岩性关系图

（三）自然伽马能谱钾减小系数与密度测井岩性图版标准

利用图 5-7 该区目的层段自然伽马钾（K）减小系数与密度（ρ_b）关系，分别确定渗砂层、致密干层钾（K）减小系数下限标准 0.60、0.45；以及相应密度下限标准 2.55g/cm³、2.68g/cm³。

（四）自然伽马能谱钍减小系数与密度测井岩性图版标准

利用图 5-8 该区目的层段自然伽马钍（Th）减小系数与密度（ρ_b）关系，分别确定渗砂层、致密干层钍（Th）减小系数下限标准 0.70、0.65，以及相应密度下限标准 2.55g/cm³、2.68g/cm³。

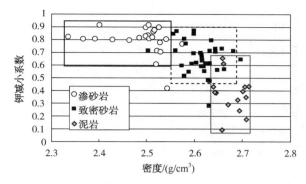

图 5-7　自然伽马能谱钾(K)减小系数与密度(ρ_b)岩性关系图

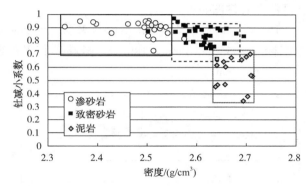

图 5-8　自然伽马能谱钍(Th)减小系数与密度(ρ_b)岩性关系图

(五)自然伽马能谱铀减小系数与密度测井岩性图版标准

利用图 5-9 该区目的层段自然伽马铀(U)减小系数与密度(ρ_b)关系，分别确定渗砂层、致密干层铀(U)减小系数下限标准 0.78、0.69，以及相应密度下限标准 2.55g/cm³、2.68g/cm³。

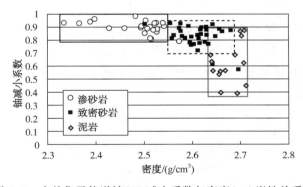

图 5-9　自然伽马能谱铀(U)减小系数与密度(ρ_b)岩性关系图

(六)光电吸收截面减小系数与密度测井岩性图版标准

利用图 5-10 该区目的层段光电吸收截面指数减小系数(P_{ea})与密度(ρ_b)关系，分别确定渗砂层、致密干层光电吸收截面指数减小系数(P_{ea})下限标准 0.50、0.40；以及渗砂层、致密干层密度(ρ_b)下限标准 2.55g/cm³、2.68g/cm³。

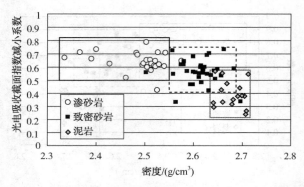

图 5-10　光电吸收截面指数减小系数(P_{ea})与密度(ρ_b)岩性关系图

(七)声波时差与密度测井岩性图版标准

利用图 5-11 该区目的层段声波时差(Δt)与密度(ρ_b)关系，分别确定渗砂层、致密干层声波时差值(Δt)分布范围标准 205～275μs/m、180～230μs/m；以及渗砂层、致密干层密度(ρ_b)下限标准 2.55g/cm³、2.68g/cm³。

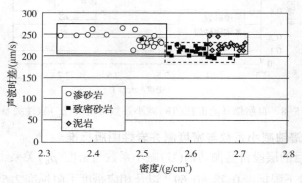

图 5-11　声波时差(Δt)与密度(ρ_b)岩性关系图

(八)中子孔隙度与密度测井岩性图版标准

利用图 5-12 该区目的层段中子孔隙度(Φ_N)与密度(ρ_b)关系，分别确定渗砂层、致密干层中子孔隙度(Φ_N)下限标准 20.0%、25.0%；以及渗砂层、致密干层密度(ρ_b)下限标准 2.55g/cm³、2.68g/cm³。

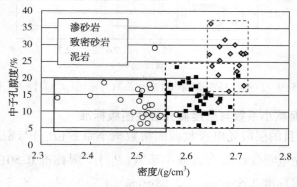

图 5-12　中子孔隙度(Φ_N)与密度(ρ_b)岩性关系图

四、测井曲线岩性图版参数及其下限标准

通过上述分析，密度、自然电位、自然伽马、自然伽马能谱钾、钍、铀含量、光电吸收截面指数、中子孔隙度及声波时差测井曲线都可以识别储层、划分岩性、区分致密气藏渗砂层、致密砂层储层，它们在不同岩性上都有各自明显曲线分布范围、差异及特征(表5-1)。

表5-1　致密气藏测井曲线岩性图版参数分布范围表

岩　性	密度/(g/cm³)	自然电位减小系数	自然伽马减小系数	伽马钾减小系数	伽马钍减小系数	伽马铀减小系数	光电吸收截面减小系数	中子孔隙度/%	声波时差/(μs/m)
渗砂岩	≤2.55	≥0.40	≥0.73	≥0.60	≥0.70	≥0.78	≥0.50	≤20	205~275
致密砂岩	2.55~2.68	0.30~0.60	0.63~0.93	0.45~0.90	0.65~0.93	0.69~0.94	0.40~0.75	5~25	180~230
泥岩	>2.64	<0.33	<0.63	<0.66	<0.73	<0.88	<0.57	>16	200~250

从上述图表中可以看出，区别划分储层及其岩性以密度曲线为最好，自然电位、自然伽马及其钾、钍、铀含量与光电吸收截面指数曲线为较好。声波时差曲线在渗砂层与泥质层相差不大，识别划分储层效果较差。中子孔隙度曲线在渗砂层与泥质层有明显重叠交叉，识别划分储层效果居中。因此，确定该区测井曲线岩性图版以好和较好的岩性及孔隙度系列测井方法为准，建立测井曲线岩性图版下限标准(表5-2)。

表5-2　致密气藏测井曲线岩性图版下限标准表

岩　性	密度/(g/cm³)	自然电位减小系数	自然伽马减小系数	伽马钾减小系数	伽马钍减小系数	伽马铀减小系数	光电吸收截面减小系数	中子孔隙度/%
渗砂岩	≤2.55	≥0.40	≥0.73	≥0.60	≥0.70	≥0.78	≥0.50	≤20
致密砂岩	≤2.68	≥0.30	≥0.63	≥0.45	≥0.65	≥0.69	≥0.40	≤25
标准评价	好	较好	较好	较好	较好	较好	较好	一般

上述测井曲线岩性图版下限标准反映出不同致密气藏储层测井响应参数分布的特点与差异。它们的综合分析和匹配协调的实际应用，可以有效地识别划分出致密气藏岩石物理相砂岩储层特征。

上述图表中自然电位减小系数、有效光电吸收截面减小系数、自然伽马减小系数分别表述为：

$$\alpha = \frac{SBL - SP}{SSP} \tag{5-2}$$

$$P_{ea} = \frac{P_{ema} - P_e}{P_{ema} - P_{emn}} \tag{5-3}$$

$$GR_1 = \frac{GR_{mx} - GR}{GR_{mx} - GR_{mn}} \tag{5-4}$$

式中　SP——自然电位测井值，mV；

　　　SBL——泥岩自然电位值(基线)，mV；

SSP——自然电位最大异常幅度，mV；

P_e——有效光电吸收截面指数测井值；

P_{ema}——处理井段中有效光电吸收截面指数最大值；

P_{emn}——处理井段中有效光电吸收截面指数最小值；

GR——自然伽马测井值，API；

GR_{mx}——处理井段中自然伽马最大值，API；

GR_{mn}——处理井段中自然伽马最小值，API。

第二节　致密砂岩气藏储层岩石物理相特征及其表征参数

致密气藏储层岩石的测井响应特征表明，储层岩相分类集中体现出岩性等地质因素对储层岩石物理相的控制作用，岩石物理相分类的储层参数处理则主要是通过规则化消除孔隙流体的影响。通过储层岩性及其岩石物理相测井响应特征研究，对储层岩石物理相分类后，同类岩石物理相储层具有相似的岩石学和沉积—成岩作用特征，同类储层孔隙类型、孔隙结构及其孔渗关系趋于一致，岩电关系和测井响应也趋于吻合。特别是分类分析的储层参数与测井响应参数分布的均匀程度及其线性关系都具有相对集中趋势。它们集中表明储层岩石物理相是控制致密气藏储层"四性"关系和测井响应特征的主导因素。

一、致密砂岩气藏储层岩石物理相分类特征

特别是苏里格东区普遍存在早—中成岩期的压实压溶及胶结作用，使得致密气藏储层中原生孔隙39.38%下降到8%~9%。由于强烈的成岩作用大大地改变了储层孔隙类型、孔隙结构，从而导致储层孔隙结构非均质性强，孔隙喉道类型多样性，形成以成岩溶孔为主多孔隙类型共存的复杂孔隙结构的岩石物理相储层特征，储层具有十分明显的非均质、非线性分布和测井响应复杂的特点。特别是该区处于鄂尔多斯盆地中东部三角洲平原储层物性相对较差地区，气源条件好，目的层段盒8、山1、山2普遍含气，含气层主要以气层、差气层、气显示层为主，而很少有气水层和水层，且至今还有较强供烃能力。为此，分析该区盒8、山1、山2致密气藏储层沉积、成岩作用和物性、孔隙结构特征，将该区岩石物理相划分为较好型、较差型和致密型三类岩石物理相类别。

（一）较好的岩石物理相——石英支撑强溶蚀粒间孔、溶孔型孔隙结构相

该类岩相岩性以中粗粒石英砂岩为主，含部分岩屑石英砂岩，碎屑组分中石英含量在90%以上，石英颗粒间呈线—凸凹接触、孔喉分选好，磨圆度次圆。岩石受压实作用影响相对较小，成岩早期形成的颗粒表面黏土薄膜阻止了石英的次生加大，使部分原生粒间孔得以保留。从而使岩石易溶组分的溶蚀进一步有效地改善了储层物性。

如图5-13、图5-14中该类岩相储层孔隙类型以粒间孔及较大的溶蚀孔隙为主，孔隙喉道相对较粗，孔喉分选趋好，具有相对较好的物性和孔隙结构特征。储层孔隙度一般大于10%，渗透率一般大于$1.0 \times 10^{-3} \mu m^2$。压汞曲线为较宽平台型，排驱压力在0.5MPa左右，中值压力5.0MPa左右，退汞效率大于40%，孔隙结构参数在20左右（图5-15）。

图 5-13　Z17 井盒 8 粒间孔晶间孔　　　　　　图 5-14　T28 井盒 8 溶蚀孔

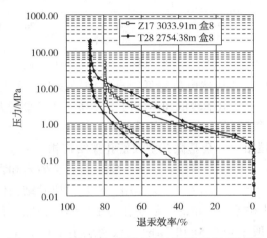

图 5-15　石英支撑+强溶蚀相储层孔隙结构特征

该类岩相测井响应主要呈现"六降低两升高"特征，即自然电位低、自然伽马低、光电吸收截面指数低、密度低、中子孔隙度低、电阻率低和高声波时差、井径有增大特征，反映出一种相对较为有利渗透砂岩的有效储层(主要指气层)的岩石物理相成因单元。

(二)较差的岩石物理相——岩屑石英砂岩溶孔型孔隙结构相

该类岩相岩性以中粒或中粗粒岩屑石英砂岩为主，但岩屑含量相对较低，颗粒以线接触为主，孔喉分选较好，磨圆度以次圆—次棱。成岩压实及石英次生加大使粒间孔隙明显减小；易溶的岩屑、杂基溶解形成的孔隙为天然气存储提供储集空间；储层中部分孔隙被后来的自生高岭石所充填，发育出少量晶形较好的自生高岭石晶体，呈分散质点式充填的这类高岭石也为天然气储存提供了空间。

该类岩相储层孔隙类型以较大的溶蚀孔隙为主，发育自生高岭石晶间孔，孔隙喉道变细，储层物性、孔隙结构有所变差，孔隙度一般在 7%~10%，渗透率一般在(0.3~1.0)×$10^{-3}\mu m^2$，具有低孔特低渗储层特征，压汞曲线为缓坡型，分选较好，排驱压力 0.5~1.5MPa，中值压力 5~15MPa，退汞饱和度 20%~35%，退汞效率 35%~45%，孔隙结构参数在 10~20(图 5-16)。

该类岩相相对于石英支撑强溶蚀孔隙结构相呈现"六升高两降低"变化，测井响应主要

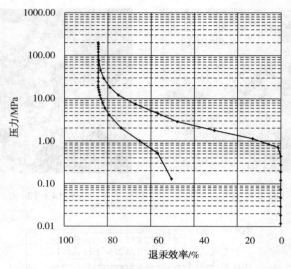

图 5-16 岩屑石英砂岩溶蚀孔隙结构特征

呈现"六较低两较高"特征，即自然电位较低、自然伽马较低、光电吸收截面指数较低、密度较低、中子孔隙度较低、电阻率较低和声波时差较高、井径微增大特征，反映出一种低渗透砂岩差储层（主要指差气层）的岩石物理相成因单元。

（三）致密型岩石物理相——杂基微孔型致密孔隙结构相

该类岩相储层岩性为中粗粒岩屑砂岩、含泥细中粒石英砂岩和含塑性岩屑、杂基的各类杂砂岩，其泥质含量高，受强烈的成岩压实作用，以及钙质胶结交代，导致储层致密。该类岩相孔隙类型以杂基微孔和零星分布的颗粒溶孔为主，储层物性、孔隙结构差。储层孔隙度一般小于 8%，渗透率一般小于 $0.5 \times 10^{-3} \mu m^2$，致密层小于 $0.1 \times 10^{-3} \mu m^2$。储层压汞曲线为斜坡形，分选较差，排驱压力一般大于 1.5MPa，中值压力一般大于 10MPa，退汞饱和度小于 20%，退汞效率 4%~25%，孔喉结构参数在 10 左右（图 5-17）。

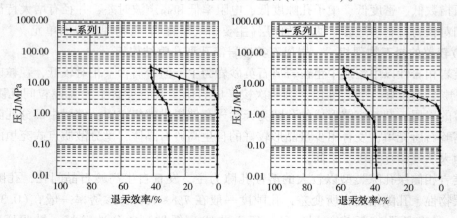

图 5-17 杂基微孔型致密孔隙结构特征

该类岩相测井响应主要呈现"五升高三降低"特征，即自然电位高、自然伽马较高、光电截面指数高、密度高、电阻率高和声波时差低、中子孔隙度低、井径较低特征，反映出一种特别致密气藏的干砂层(主要指气显示层和干层)岩石物理相成因单元。

　　该区岩石物理相分类主要基于储层岩性及其沉积成岩作用特征和储层物性、微观孔隙类型结构特点,同时考虑多种测井资料可识别性,利用有效的测井地质参数处理,以其规则化方式消除孔隙流体影响,反映致密气藏储层不同岩石物理相形成的地质特点。不同类别岩石物理相储层自然电位、自然伽马、光电吸收截面、密度、声波时差、中子孔隙度、电阻率和井径测井响应有不同特征,它们反映出不同类别储层岩石物理相及其孔隙度、渗透率、饱和度大小,取决于组成岩石的岩性、颗粒大小、分选性、泥质含量、孔隙类型、孔隙结构、骨架砂体及所含流体的赋存状态等。

　　石英支撑强溶蚀孔隙结构为相对有利较为渗透砂岩储层的岩石物理相成因单元,孔隙类型以粒间孔及较大的溶蚀孔隙为主,储层经沉积、成岩作用具有较好的物性及孔隙结构特征,储层参数与测井响应参数"六低两高"的分布及标准趋于相对集中的较高范围。杂基微孔型致密孔隙结构相为特别致密气藏的干砂层岩石物理相成因单元,孔隙类型以杂基微孔和零星分布的颗粒溶孔为主,储层经沉积、成岩作用物性和孔隙结构差,储层参数与测井响应参数"五高三低"的分布及标准趋于相对集中的较低范围。岩屑石英砂岩溶蚀孔隙结构相为较低渗透砂岩储层的岩石物理相成因单元,孔隙类型以岩屑、杂基溶孔及少量高岭石晶体孔充填,储层经沉积、成岩作用物性和孔隙结构变差,储层参数与测井响应参数"六较低两较高"分布处于相对居中范围(表5-3)。

表 5-3　致密气藏岩石物理相分类特征参数表

岩石物理相特征		较好型 石英支撑强溶蚀相	较差型 岩屑石英砂岩溶蚀相	致密型 杂基微孔致密结构相
岩性特征		粗粒石英砂岩及岩屑石英砂岩	中粗粒岩屑石英砂岩	细、中、粗岩屑砂岩
物性特征	孔隙度/%	>10	7~10	<8
	渗透率/$10^{-3}\mu m^2$	>1.0	0.3~1.0	<0.3
孔隙图像特征	孔隙组合特征	粒间孔-溶孔组合	晶间孔-溶孔组合	晶间孔微孔组合
	面孔率/%	>4.0	1.0~4.0	<1.0
压汞曲线特征	排驱压力/MPa	<0.5	0.5~1.5	>1.5
	中值压力/MPa	<5.0	5.0~15.0	>10.0
	分选系数	1.5~2.0	1.3~1.9	1.0~2.7
	变异系数	0.12~0.17	0.10~0.16	0.07~0.24
	均值系数	11.3~12.7	10.7~13.1	9.2~13.7
	中值半径/μm	>0.1	0.1~0.03	<0.06
	最大孔喉半径/μm	>1.0	1.0~0.5	<0.5
	退汞饱和度/%	≥35	35~20	<20
	退汞效率/%	≥40	45~35	<35
	结构系数	≥20	10~20	<10

续表

岩石物理相特征		较好型 石英支撑强溶蚀相	较差型 岩屑石英砂岩溶蚀相	致密型 杂基微孔致密结构相
测井曲线特征	自然电位	低	较低	高
	自然伽马	低	较低	高
	光电吸收截面	低	较低	高
	井径	增大	微增大	较小
	密度	低(更低)	较低	高(更高)
	声波时差	高(更高)	较高	低(更低)
	中子孔隙度	高低变化	较低	低
	电阻率	低	较低	高
沉积微相特征		高能心滩、边滩	分流河道、心滩、边滩及 河道滞留充填带	河道滞留充填及天然堤、 决口扇
成岩储集相类型		Ⅰ类、Ⅱ类	Ⅱ类、Ⅲ类	Ⅲ类、Ⅳ类

从上述岩石物理相分类特征可以看出，岩石物理相是控制致密气藏储层测井响应及"四性"关系的主导因素，对该区致密气藏储层进行较好、较差、致密岩石物理相分类后，集中地体现出岩性、物性、孔隙图像、孔隙结构等地质因素对储层岩石物理相的控制作用。同类岩石物理相储层具有相似的岩石学和沉积—成岩作用特征，反映出微观孔隙图像、压汞曲线及其物性特征趋于一致，测井响应及其岩电关系趋于吻合。三种不同类别岩石物理相具有不同岩性、物性、孔隙图像、孔隙结构特征，反映出不同类别的储层参数和测井响应参数分布的特征与差异。因此，必须研究岩石物理相分类才能准确研究致密气藏储层特征、参数建模及其有效储层评价及分布。

二、表征致密气藏储层岩石物理相的主要参数

在研究岩石物理相评价参数标准中，自然电位和自然伽马测井对于该区致密气藏砂泥质都比较敏感。但是，还必须认识到这两种记录之间的差别。

自然电位(SP)曲线异常幅度(或减小系数)是以地层水与泥浆滤液的盐度差和黏土含量来反映砂层渗透性的，只要在含盐水的砂层中自然电位异常幅度(或减小系数)都会较高，在含有烃类砂岩层或较薄砂层($h<3m$)自然电位异常幅度(或减小系数)在较高背景下也会有所降低，只有在致密气藏的致密砂层自然电位异常幅度(或减小系数)才会很小。因此，自然电位异常幅度(或减小系数)大小反映水动力作用强弱，可以明显划分砂层和致密砂层。

自然伽马(GR)测井响应主要是地层的天然放射性，如钾、钍同位素所引起，它们在黏土矿物中最为常见。因而，泥页岩是放射性的，而砂岩倘若基本上是石英、长石质的，则放射性要小得多。自然伽马曲线可以明显反映垂向层序中砂岩和泥页岩的相对含量，砂质增多，粒度变粗，泥质含量减小，则天然放射性降低。不论水动力作用强的砂岩，还是成岩作用强的胶结致密砂岩，自然伽马曲线变化幅度(或减小系数)都会很高。也就是说自然伽马幅度(或减小系数)可以明显划分岩性(包括砂层和致密砂层)和泥页岩含量，但不能明显反映渗透性，划分渗透层和致密砂层。也就是说自然电位减小重点是反映储层渗透性，自然伽

马减小重点反映储层岩性，由此建立砂层自然电位、自然伽马减小系数下限标准，以此两项标准确定砂层及其能量厚度。如果自然电位减小系数很小（达不到下限标准），则以自然伽马减小系数标准确定致密砂层及其厚度。它们是区别储层和划分岩性最基本的参数。

自然伽马能谱测定储层中钾、钍、铀的含量，以区分泥质砂岩、生烃岩及含气层点，它们钾、钍、铀的减小系数为评价致密气藏储层增加了更为有效的方法。

岩石的有效光电吸收截面指数（P_e）也可以拉开不同岩性之间差距，不同类型储层有效光电吸收截面相对于泥质有明显降低，因而可以利用减小系数划分不同类型储层岩相。

井径（d）相对于泥岩减小在干层约 0.2cm 显示，在渗透层及其相应含气层段井径相对于泥岩有不同程度增大，特别是储层含气井径阶梯式增大，为识别气层提供相关信息。

密度（ρ_b）曲线也可以划分不同岩性地层，在该区致密气藏储层中，砂岩中因伴随微裂缝扩径使密度值降低，气层密度最小，为划分气层提供重要信息。

声波时差（Δt）曲线可以划分不同岩性的地层，在该区致密气藏储层中，砂岩时差一般不高，仅气层时差最高。但钙质胶结砂岩比泥质胶结砂岩声波时差低，特别是该区致密干层声波时差明显更低。砂岩储层随含气声波时差阶梯式增大，为划分气层提供重要信息。

补偿中子（Φ_N）曲线可以划分不同岩性地层，在该区致密气藏储层中，砂岩中子孔隙度一般不高，但钙质胶结砂岩比泥质胶结砂岩中子孔隙度低。特别是气层因挖掘效应中子孔隙度减小相对较大，它也可以为识别气层提供信息。

电阻率（R_t）曲线在该区致密干层最高，水层最低。随致密层到含气层电阻率降低，再到含水层电阻率更低，它亦为划分气层提供重要信息。

另外，根据岩石物理相概念，利用孔隙度、渗透率值计算储层流动层带指标（FZI），它亦为该区评价划分气层提供有效信息。

第三节　致密砂岩气藏储层岩石物理相定量评价方法

评价划分储层岩石物理相是致密气藏储层精细解释及有利区筛选的基础工作。因为一个油田取心井是有限的，解决大量探井、评价井及开发井储层岩性、物性和含气性问题，是采用有限的岩心资料与相对应的测井资料建立关系求得的。利用常规测井资料研究岩石物理相，主要是用岩心薄片、粒度、物性分析资料，经深度归位和试气资料验证后刻度测井，分别建立代表性井区评价划分储层的岩相交会图，利用线性刻度纵横坐标，找出划分岩相的最佳关系及其下限，用以解决该区储层及其岩性划分问题。

一、致密气藏储层岩石物理相分类评价划分指标

苏里格东部储层岩相图版分别采用自然电位减小系数（α）、自然伽马减小系数（GR_1）、有效光电吸收截面（P_e）、井径（d）、声波时差（Δt）、补偿中子（Φ_N）、密度（ρ_b）、电阻率（R_t）及伽马能谱测井资料建立，它们在该区识别储层和划分岩性都有各自的特点。利用该区东部井钻井剖面中的岩心，采用肉眼观察，并细致地汇总粒度、物性分析、薄片鉴定和试气成果，综合定名为渗砂层（气层）、低渗砂层（差气层）、致密干层及泥岩层后作为岩性图版的样本层。结合成岩储集相Ⅰ类、Ⅱ类、Ⅲ类、Ⅳ类参数标准，利用灰色理论的分析方法，研究每类岩相的自然电位减小系数（α）、伽马能谱钾、钍、铀减小系数、自然伽马减小

系数(GR_1)、井径减小值(d_1)、有效光电吸收截面减小系数(P_{ea})、密度(ρ_b)减小值、声波时差(Δt)减小值、中子(Φ_N)减小值、电阻率(R_t)测井曲线，以及流动层带指标(FZI)，分别以某参数对该区致密气藏储层不同类型岩石物理相进行统计，建立起储层岩石物理相评价的标准。

采用统计特征值数据列 X_{0i} 为岩石物理相评价标准：

$$X_{0i} = \{X_{0i}(1), X_{0i}(2), \cdots, X_{0i}(n)\} \tag{5-5}$$

分别以一类、二类、三类岩石物理相标准指标绝对差大小 $|X_{0i}(k)-X_{0j}(k)|$ 为准确率，以其标准离差大小 $\sigma_i(k)$、$\sigma_j(k)$ 为分辨率，分别利用准确率与分辨率组合 $\dfrac{|X_{0i}(k)-X_{0j}(k)|}{\sigma_i(k)+\sigma_j(k)}$ 建立特征评价参数的权系数（图5-18）。

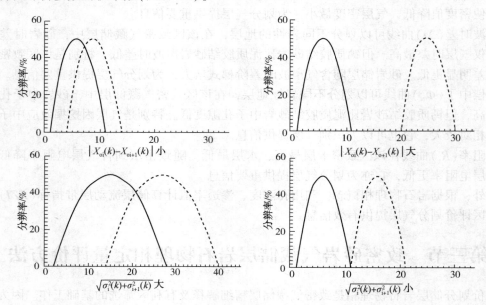

图5-18 评价标准的准确率及分辨率

采用上述致密气藏储层岩石物理相评价的测井地质分析准则，分析该区40多口井500多个气层、差气层、气水层及致密干层和Ⅰ类、Ⅱ类、Ⅲ类、Ⅳ类成岩储集相测井曲线响应参数分布统计结果（表5-4、表5-5）。

表5-4 致密气藏储层测井曲线响应参数分布统计表

储层	气层		差气层		气水层		致密干层	
测井系列	范围	平均值	范围	平均值	范围	平均值	范围	平均值
密度减小值/(g/cm³)	0.314~0.046	0.149	0.016~0.206	0.103	0.111~0.258	0.139	-0.107~0.252	0.017
自然电位减小系数	0.24~0.95	0.65	0.07~0.98	0.52	0.35~0.92	0.66	0.01~0.99	0.35
伽马钾减小系数	0.60~0.92	0.86	0.42~0.90	0.74	0.75~0.93	0.83	0.28~0.95	0.66
伽马钍减小系数	0.84~0.97	0.92	0.71~0.96	0.88	0.89~0.92	0.91	0.55~0.97	0.83
伽马铀减小系数	0.79~1.00	0.91	0.79~0.99	0.88	0.87~0.96	0.91	0.56~0.98	0.85
自然伽马减小系数	0.77~0.97	0.90	0.73~0.80	0.83	0.82~0.90	0.86	0.53~0.99	0.80

续表

储　　层	气　　层		差气层		气水层		致密干层	
光电吸收截面减小系数	0.42~0.92	0.7	0.45~0.97	0.69	0.44~0.75	0.62	0.20~0.97	0.60
电阻率/Ω·m		36.6		45.3		29.8		50.1
中子孔隙度减小值/%	−18.05~25.41	16.39	−18.17~30.56	15.46	12.65~21.21	14.19	−19.17~34.83	15.62
声波时差减小值/(μs/m)	−32.38~26.69	−7.73	−17.5~31.97	0.97	−4.28~18.94	6.96	−2.86~59.15	20.48
井径减小值/cm	−22.86~2.31	−1.00	−0.49~5.86	−0.49	−2.15~1.61	−0.30	−23.51~5.73	0.19

表 5-5　致密气藏储层测井曲线响应参数分布统计表

成岩储集相类别	Ⅰ 类		Ⅱ 类		Ⅲ 类		Ⅳ 类	
	范围	平均值	范围	平均值	范围	平均值	范围	平均值
密度减小值/(g/cm³)	0.1667~0.3638	0.2386	0.118~0.3036	0.1795	0.044~0.1651	0.1077	0.012~0.1117	0.0630
自然电位减小系数	0.557~0.963	0.805	0.290~0.882	0.496	0.068~0.510	0.321	0.124~0.435	0.292
伽马钾减小系数	0.729~0.945	0.846	0.542~0.858	0.758	0.440~0.529	0.659	0.289~0.730	0.612
伽马钍减小系数	0.833~0.977	0.916	0.812~0.985	0.897	0.793~0.945	0.869	0.774~0.928	0.853
伽马铀减小系数	0.844~0.969	0.902	0.807~0.987	0.890	0.759~0.983	0.866	0.809~0.927	0.865
自然伽马减小系数	0.851~0.974	0.926	0.770~0.952	0.884	0.627~0.903	0.816	0.743~0.865	0.803
光电吸收截面减小系数	0.525~0.854	0.678	0.438~0.848	0.653	0.319~0.855	0.567	0.241~0.810	0.545
电阻率/Ω·m	9.98~75.91	33.68	13.38~92.80	37.01	17.02~93.99	38.99	23.01~109.97	53.56
中子孔隙度减小值/%	10.392~22.692	14.312	2.622~20.733	14.08	3.145~21.160	15.092	10.59~20.875	14.817
声波时差减小值/(μs/m)	−55.490~−3.046	−20.608	−30.85~11.085	−12.232	−14.27~31.864	4.588	3.517~25.042	13.270
井径减小值/cm	−2.37~2.86	0.509	−10.19~2.17	−0.978	−5.779~2.098	−0.293	−0.803~2.303	0.881

　　根据上述致密气藏岩石物理相分类特征和参数表（表 5-3），利用目的层段致密气藏储层类型及成岩储集相测井曲线响应特征、分布范围和标准（表 5-4、表 5-5），对主要气层、差气层、气水层、致密干层进行成岩储集相测井响应特征参数的匹配、统计和调整，并根据参数指标准确率与分辨率组合分析，结合测井曲线岩性图版标准分布（表 5-1）、测井系列优化评价以及成岩储集相测井响应特征综合评价分析，建立起致密气藏储层岩石物理相评价划分标准，对其各项特征性评价参数赋予相应权系数（表 5-6）。

表 5-6　苏东研究区盒 8、山 1、山 2 致密气藏储层岩石物理相评价划分标准及权系数

特征性评价参数	岩石物理相评价划分标准			权系数
	较好 石英支撑强溶蚀	较差 岩屑石英砂岩溶蚀	致密 杂基微孔致密	
密度减小值/(g/cm³)	0.164	0.105	0.040	0.99
自然电位减小系数	0.650	0.445	0.321	0.89
伽马钾减小系数	0.86	0.74	0.66	0.93
伽马钍减小系数	0.92	0.88	0.83	0.91
伽马铀减小系数	0.91	0.88	0.85	0.82

特征性评价参数	岩石物理相评价划分标准			权系数
	较好 石英支撑强溶蚀	较差 岩屑石英砂岩溶蚀	致密 杂基微孔致密	
自然伽马减小系数	0.90	0.84	0.80	0.86
有效光电吸收截面减小系数	0.69	0.64	0.57	0.83
电阻率/Ω·m	35.8	42.2	51.9	0.86
声波时差减小值/(μs/m)	−13.52	−2.22	16.88	0.96
井径减小值/mm	−10.0	−4.9	1.9	0.80
流动层带指标	0.7819	0.6861	0.644	0.99

二、致密气藏储层岩石物理相分类分析方法

根据上述岩石物理相分类参数、标准及权系数，利用灰色系统岩石物理相综合评价方法，可以有效地评价致密气藏储层岩石物理相类别。实际在做灰色多元加权归一处理时，由于采用数据列量及其单位初值不同，一般利用矩阵作数据列伸缩处理后，再对系统包含的各种因素（包括已知的和未知的）按数据单位类别进行标准化，使之产生无量纲、归一化的数据列。

初始评价数据列 X、被比较数据列 X_{oi} 表示为：

$$X = \{X(1),\ X(2),\ \cdots,\ X(n)\}$$
$$X_{oi} = \{X_{oi}(1),\ X_{oi}(2),\ \cdots,\ X_{oi}(n)\} \tag{5-6}$$

采用地层评价参数及层点数据标准化方法，对以上地层评价数据列 X、被比较数据列 X_{oi} 进行均值处理，使之成为无量纲、标准化的数据 $X_o(k)$、$X_i(k)$：

$$X_o(k) = \frac{X(k)}{\frac{1}{m+1}\left[\sum_{i=1}^{m} X_{oi}(k) + X(k)\right]} \quad \begin{pmatrix} k = 1,\ 2,\ \cdots,\ n; \\ i = 1,\ 2,\ \cdots,\ m \end{pmatrix}$$

$$X_i(k) = \frac{X_{oi}(k)}{\frac{1}{m+1}\left[\sum_{i=1}^{m} X_{oi}(k) + X(k)\right]} \quad \begin{pmatrix} k = 1,\ 2,\ \cdots,\ n; \\ i = 1,\ 2,\ \cdots,\ m \end{pmatrix} \tag{5-7}$$

标准化后的地层评价数据列 X_o、被比较数据列 X_i、权系数数据列 Y_i 以及参数给定权值数据列 Y_o 表示为：

$$X_o = \{X_o(1),\ X_o(2),\ \cdots,\ X_o(n)\}$$
$$X_i = \{X_i(1),\ X_i(2),\ \cdots,\ X_i(n)\}$$
$$Y_i = \{Y_i(1),\ Y_i(2),\ \cdots,\ Y_i(n)\}$$
$$Y_o = \{Y_o(1),\ Y_o(2),\ \cdots,\ Y_o(n)\} \tag{5-8}$$

然后，采用层点标准指标绝对差的极值加权组合放大技术，由式(5-9)计算灰色多元加权系数：

$$P_i(k) = \frac{\overset{min}{i}\overset{min}{k}\Delta_i(k) + A\,\overset{max}{i}\,\overset{max}{k}\Delta_i(k)}{A\,\overset{max}{i}\,\overset{maz}{k}\Delta_i(k) + \Delta_i(k)}Y_i(k)\cdot Y_o(k) \tag{5-9}$$

其中，$\Delta_i(k) = |X_o(k) - X_i(k)|$

式中　$P_i(k)$——数据 X_o 与 X_i 在 k 点（参数）的灰色多元加权系数；

$\overset{min}{i}\overset{min}{k}\Delta_i(k)$——标准指标两级最小差；

$\overset{max}{i}\overset{max}{k}\Delta_i(k)$——标准指标两级最大差；

$\Delta_i(k)$——第 k 点 X_o 与 X_i 的标准指标绝对差；

$Y_o(k)$——第 k 点（参数）的权值；

A——灰色分辨系数。

从而可以得出灰色加权系数序列：

$$P_i(k) = \{P_i(1), P_i(2), \cdots, P_i(n)\} \tag{5-10}$$

由于系数较多，信息过于分散，不便于优选，采用综合归一技术，将各点（参数）系数集中为一个值，其表达式：

$$P_i = \frac{1}{\sum_{k=1}^{n} Y_o(k)} \sum_{k=1}^{n} P_i(k) \tag{5-11}$$

式中，P_i 即为灰色多元加权归一系数的行矩阵。

最后，利用矩阵作数据列处理后，采用最大隶属原则：

$$P_{max} = \max_i \{P_i\} \tag{5-12}$$

作为灰色综合评价预测结论，并根据数据列（行矩阵）的数据值，确定评价结论精度及可靠性。

以苏东研究区统 30 井 59 号（2832.4~2834.8m）层为例，对上述参数、标准及权系数进行具体应用处理。利用表 5-6 岩石物理相评价指标和 P_0 层点数值，建立岩石物理相评价的灰色多元加权分析处理矩阵：

$$P(1) = \begin{bmatrix} 0.1640 & 0.1050 & 0.0400 & 0.1719 \\ 0.6500 & 0.4450 & 0.3210 & 0.6710 \\ 0.8600 & 0.7400 & 0.6600 & 0.6569 \\ 0.9200 & 0.8800 & 0.8300 & 0.8861 \\ 0.9100 & 0.8800 & 0.8500 & 0.9521 \\ 0.9000 & 0.8400 & 0.8000 & 0.9226 \\ 0.6900 & 0.6400 & 0.5700 & 0.7448 \\ 35.800 & 42.200 & 51.900 & 24.160 \\ 13.520 & -2.220 & 16.880 & -19.89 \\ 0.7819 & 0.6861 & 0.6440 & 0.7131 \end{bmatrix} \tag{5-13}$$

采用评价参数和层段标准化方法，按 $x_0(k)$、$x_i(k)$ 式计算得到储层岩石物理相评价特征值处理的灰色多元分析标准化矩阵：

$$P(2) = \begin{bmatrix} 1.3640 & 0.8733 & 0.3327 & 1.4300 \\ 1.2458 & 0.8529 & 0.6152 & 1.2861 \\ 1.1793 & 1.0148 & 0.9051 & 0.9008 \\ 1.0466 & 1.0011 & 0.9442 & 1.0081 \\ 1.0133 & 0.9799 & 0.9465 & 1.0602 \\ 1.0397 & 0.9704 & 0.9242 & 1.0658 \\ 1.0436 & 0.9680 & 0.8621 & 1.1264 \\ 0.9295 & 1.0957 & 1.3475 & 0.6273 \\ 2.8843 & 0.4736 & -3.601 & 4.2432 \\ 1.1071 & 0.9714 & 0.9118 & 1.0096 \end{bmatrix} \tag{5-14}$$

采用层段标准指标绝对差方法,按 $P_i(k)$ 式计算得到储层岩石物理相评价特征值处理的灰色多元分析标准化距离矩阵:

$$P(3) = \begin{bmatrix} 0.0660 & 0.5567 & 1.0973 \\ 0.0403 & 0.4332 & 0.6709 \\ 0.2785 & 0.1140 & 0.0042 \\ 0.0385 & 0.0070 & 0.0639 \\ 0.0469 & 0.0803 & 0.1137 \\ 0.0261 & 0.0954 & 0.1416 \\ 0.0828 & 0.1584 & 0.2643 \\ 0.3022 & 0.4684 & 0.7202 \\ 1.3589 & 3.7696 & 7.8443 \\ 0.0974 & 0.0382 & 0.0978 \end{bmatrix} \tag{5-15}$$

利用层段标准绝对差的极值加权组合放大技术,按 $P_i(k)$ 式计算得到储层岩石物理相评价特征值处理的灰色多元加权系数如 $P_i(k) = \{P_i(1), P_i(2), \cdots, P_i(n)\}$ 式,其分析矩阵:

$$P(4) = \begin{bmatrix} 0.9747 & 0.8679 & 0.7744 \\ 0.8819 & 0.8023 & 0.7608 \\ 0.8693 & 0.9047 & 0.9300 \\ 0.9021 & 0.9094 & 0.8964 \\ 0.8112 & 0.8044 & 0.7978 \\ 0.8552 & 0.8405 & 0.8309 \\ 0.8137 & 0.7986 & 0.7784 \\ 0.7993 & 0.7691 & 0.7274 \\ 0.7137 & 0.4801 & 0.3203 \\ 0.9670 & 0.9815 & 0.9670 \end{bmatrix} \tag{5-16}$$

采用综合归技术,按 P_i 式计算得到储层岩石物理相评价特征值分析的灰色归一系数矩阵:

$$P_5 = \{0.9500 \quad 0.9036 \quad 0.8610\} \tag{5-17}$$

根据最大隶属原则,按 $P_{max} = \max\limits_{i}\{P_i\}$ 式确定储层岩石物理相评价处理的灰色多元加权归一系数特征值向量最大值：

$$P_{max} = \max\{P_5\} = 0.9500 \qquad (5-18)$$

即该层段特征值显示出储层岩石物理相综合评价为一类，且根据系数特征值向量数值大小排列分析，评价结论准确可靠。

三、致密气藏储层岩石物理相分类评价结果

上述综合评价处理该区储层岩相的分析方法及处理技术，已在不同类型计算机上建立起一套灰色系统理论综合评价储层岩相的解释系统。该系统主要思维过程的流程列于图 5-19 中，通过数字处理实现上述方法和运算过程，从而确定和划分该区目的层段储层岩石物理相类别及可靠程度。

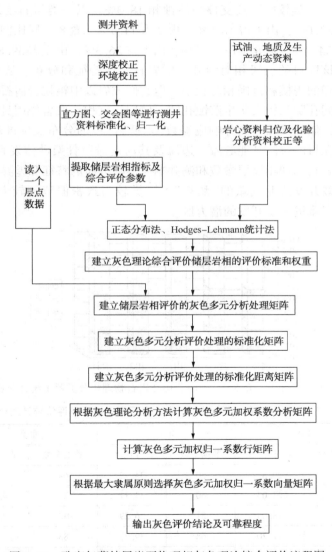

图 5-19 致密气藏储层岩石物理相灰色理论综合评价流程图

通过该区目的层段 40 多口井近 700 多个层点测井资料分析，包括储层流动层带指标、自然电位、自然伽马能谱钾、钍、铀含量、自然伽马、光电吸收截面指数、密度、声波时差、电阻率及井径测井曲线，利用灰色理论储层岩石物理相综合评价处理方法，采用矩阵分析、标准化、标准指标绝对差的极值加权组合放大技术，有机地集成和综合多种测井参数和储层信息，实现了对该区盒 8、山 1、山 2 致密气藏储层岩石物理相的综合评价和定量分析，确定和划分出一类较好的、二类较差的和三类较为致密的三类别致密气藏岩石物理相储层。

对该区盒 8 上、盒 8 下、山 1、山 2 致密气藏储层近 700 个井点岩石物理相进行了评价和分类描述，各层段灰色理论储层岩石物理相划分类型和分布规模总体偏差。通过制作该区盒 8 上、盒 8 下、山 1、山 2 层段岩石物理相分类评价统计对比图表（图 5-20、表 5-7）可以看出，这些代表性井点其三类杂基微孔型致密孔隙结构相占 48.3%，二类较差岩屑石英砂岩溶蚀相占 33.3%，一类较好石英支撑强溶蚀相 18.3%。以一类岩石物理相看，盒 8 上占 20.8%，盒 8 下占 23.0%，山 1 占 18.0%，山 2 占 11.7%，盒 8 下层比例较大。以二类岩石物理看，盒 8 上占 34.7%，盒 8 下占 33.7%，山 1 占 26.3%，山 2 占 39.8%，山 2 层比例较大。它们分别代表该区目的层段相对渗砂层的岩石物理特征和分布。从总体上看，该区一类、二类岩石物理相的规模和范围相对较小，但它们成岩以中粗粒岩屑石英砂岩和石英砂岩为主，具有剩余粒间孔隙和较大次生溶蚀孔隙，储层经沉积、成岩作用具有较好的孔隙结构和渗流、储集能力，储层参数与测井响应参数"六低两高"的分布及标准趋于相对集中的较高范围，主要分布在目的层段高能心滩、边滩及其河道滞留骨架砂体发育部位。因此，一、二类两种不同类别岩石物理相储层参数和测井响应参数分布的特征和差异，成为该区致密气藏储层评价划分高效开发工业气藏的"甜点"。三类较为致密但范围较大，且多有气显示，大多也已成为致密气藏进一步开发的潜力区。

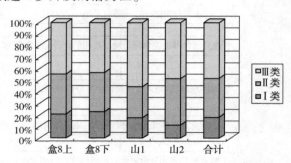

图 5-20　盒 8 上、盒 8 下、山 1、山 2 岩石物理相分类评价统计对比图

表 5-7　盒 8 上、盒 8 下、山 1、山 2 岩石物理相分类评价统计对比表

层　位	I 类		II 类		III 类		总个数
	数据个数	百分比/%	数据个数	百分比/%	数据个数	百分比/%	
盒 8 上	30	20.83	50	34.72	64	44.44	144
盒 8 下	41	23.03	60	33.71	77	43.26	178
山 1	35	18.04	51	26.29	108	55.67	194
山 2	20	11.70	68	39.77	83	48.54	171
合计	126	18.34	229	33.33	332	48.33	687

　　上述利用测井资料评价岩石物理相的分类研究，主要解决储集性能和渗流结构差的致密气储层低信噪比、低分辨力的测井评价特征，利用评价划分的同一种岩石物理相储层具有相似的岩性、物性、孔隙结构和含气性特征，实现将不同岩石物理相致密气储层的非均质、非线性问题转化为同一种岩石物理相相对均质、线性问题解决。从而，利用分类建立致密气储层参数解释模型和定量划分含气层的解释方法，改善和提高致密气储层测井解释精度和实用效果。

第六章　致密砂岩气藏岩石物理相
储层参数测井解释技术

致密砂岩气藏储层受多期不同类型沉积、成岩作用及构造等因素影响，储层孔隙空间小、孔隙类型结构和测井响应复杂，储层具有非均质、非线性分布的特点，利用岩石物理相分类研究致密气储层参数建模，确定评价储层岩石物理相的多种信息、划分方法及其分类建模技术。通过致密气储层各类测井、岩心和试气资料，在建立不同类别岩石物理相储层参数测井解释模型研究中，分类模型数据点分布的拟合具有相对集中分布趋势及其较好的线性关系，可明显改善和提高致密气储层储层参数的计算精度和效果，有效地克服了致密气储层低信噪比、低分辨力的评价特征，为准确建立致密气储层参数建模提供了有效方法。

第一节　致密砂岩气藏储层"四性"关系
及其岩性、岩石物理相评价

致密气藏储层岩石物理相集中体现出岩性等地质因素对储层的控制作用，岩石物理相分类的储层参数处理则主要是通过测井响应规则化消除和提取孔隙流体的影响，从而有效地表明储层岩石物理相是控制致密气藏储层"四性"关系和岩性及测井响应特征的主导因素。

"四性"关系是指储集层岩性、物性、含油气性和电性（指各种测井解释）之间的相互关系。"四性"研究中岩性是基础，物性是关键，含油气性是核心，电性是手段。进行储层"四性"关系研究，基本条件是同一井（层段）内既具有连续完整的岩心及相应的化验分析数据，又有完整、配套、高质量的测井曲线和单层试油气资料等。

测井采集到的地球物理信息是储集岩矿物组成、物性、孔喉结构、流体类型及其相互赋存状态的综合反映。研究储集层电性、物性、含油气性的对应关系，其目的是力求消除岩石矿物背景值对油、气性质的影响，以达到客观评价砂岩储集性与含油气性。

对于该区目的层段致密气藏砂岩储层相对于致密干层的评价和挖潜是十分重要的。一般来讲，一种测井系列或测井方法需要获得尽可能多的地层信息，它对于致密气藏砂岩储层相对于非储层（泥质岩）要有岩性上的测井曲线差异，而对于含气层段相对于致密干层则应有物性和含气性上的测井曲线异常差异。也就是说，在致密气藏测井系列或方法优化评价中，一种测井曲线在砂岩含气层段储层中相对于泥质岩和致密干层都要有曲线异常和差异，判断测井曲线优劣就是评价含气层段相对于泥质岩和致密干层的曲线异常差异大小。因此，研究致密气藏储层"四性"关系及其测井曲线的岩性图版是该区储层岩石物理相分类研究的依据，也是建立致密气藏储层参数模型和有效厚度标准的基础。

通过对致密气藏储层进行一系列基础性数据整理，包括岩心资料深度归位，提取岩心深度的测井数据、数据归一化、样本选取、分层与取值，以及划分致密气藏储层研究，进行该区盒 8、山 1、山 2 测井曲线岩性识别评价，分析出致密气藏储层岩性识别划分以密度测井曲线为最好，自然电位、自然伽马及其钾、钍、铀含量与光电吸收截面指数测井曲线为较好。声波时差测井曲线在渗砂层与泥质层相差不大，识别划分储层效果较差。中子孔隙度测井曲线在渗砂层与泥质层有明显重叠交叉，识别划分储层效果居中。因此，确定该区测井曲线岩性图版以好和较好的岩性、孔隙度测井方法为准，建立致密气藏储层测井曲线岩性图版下限标准(表6-1)。

表6-1　致密气藏储层测井曲线岩性图版下限标准表

岩性评价	密度/(g/cm³)	自然电位减小系数	自然伽马减小系数	伽马钾减小系数	伽马钍减小系数	伽马铀减小系数	光电吸收截面减小系数	中子孔隙度/%
渗砂岩	≤2.55	≥0.40	≥0.73	≥0.60	≥0.70	≥0.78	≥0.50	≤20
致密砂岩	≤2.68	≥0.30	≥0.63	≥0.45	≥0.65	≥0.69	≥0.40	≤25
标准评价	好	较好	较好	较好	较好	较好	较好	一般

根据致密气藏储层测井曲线岩性图版下限标准，评价划分出致密气藏储集层点。从而在测井曲线岩性图版标准研究基础上，使用测井系列优化评价以及成岩储集相测井响应特征综合评价建立的储层岩石物理相划分指标体系，利用灰色理论岩石物理相评价处理方法，建立岩石物理相评价的灰色多元加权分析处理矩阵。采用矩阵分析、标准化、标准指标绝对差的极值加权组合放大技术，有机地集成和综合多种测井参数信息(含流动层带指标、自然电位、自然伽马、自然伽马钾、钍、铀含量、光电吸收截面指数、井径、密度、声波时差及电阻率测井曲线)，实现对该区盒8、山1、山2致密气藏储层岩石物理相的综合评价和定量分析，确定和划分出一类、二类、三类致密气藏岩石物理相储层。

第二节　基于岩石物理相分类的致密砂岩气藏储层孔隙度测井解释方法

孔隙度是反映储层物性的重要参数，也是储量、产能计算及测井解释不可缺少的参数之一。目前，常用测井解释法，结合岩心分析综合求取。不同类别岩石物理相储层孔隙度大小主要取决于组成岩石颗粒大小、孔隙类型、结构等，反映出不同类别岩石物理相储层参数分布概率的差异。一类较好型岩石物理相以粗粒石英砂岩及岩屑石英砂岩为主，粒级较粗，孔隙类型主要为残余粒间孔和较大次生溶孔组合为主，储层具较好的物性及孔隙结构特征，储层孔隙度(含相应测井响应参数)的分布趋于相对集中的较高范围。而三类致密型岩石物理相以细、中粒岩屑砂岩为主，孔隙类型以杂基微孔和零星分布的颗粒溶孔为主，储层物性及孔隙结构差，储层孔隙度(含相应测井响应参数)的分布趋于相对集中的较低范围。二类较差型岩石物理相储层的岩性、物性、孔隙类型与结构的分布则趋于居中。因此，必须研究岩石物理相分类才能准确进行致密储层参数建模。在致密储层岩石物理相分类评价基础上，采用岩心刻度测井方法有效地区分和建立测井储层参数解释模型。

一、一类岩石物理相储层孔隙度测井解释模型及其图版

在该区目的层段取心分析的14口井，一类岩石物理相孔隙度范围在8%~14%，孔隙度分布比较均匀，基本上以平均值11%为中心呈正态分布(图6-1)。

图 6-2~图 6-4 是该区 14 口"关键井"目的层段一类岩石物理相密度(ρ_b)、声波时差（Δt）、中子孔隙度（Φ_N）与相应层段岩心分析孔隙度交会关系图，它们分别反映密度、声波时差、中子孔隙度与岩心分析孔隙度的统计分析式及其相关系数为：$\rho_b = -0.0161\Phi + 2.6868$；$R_1 = 0.710$。$\Delta t = 4.1439\Phi + 195.5$；$R_2 = 0.735$。$\Phi_N = 0.2109\Phi + 11.885$；$R_3 = 0.128$。

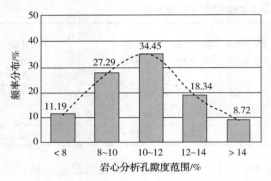

图 6-1　一类岩石物理相岩心分析
孔隙度分布直方图

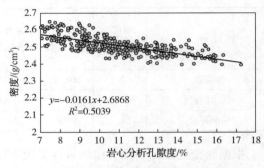

图 6-2　一类岩石物理相岩心分析
孔隙度与密度关系图

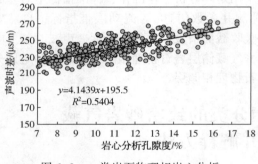

图 6-3　一类岩石物理相岩心分析
孔隙度与声波时差关系图

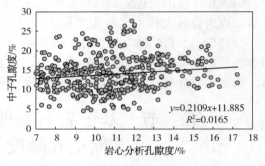

图 6-4　一类岩石物理相岩心分析
孔隙度与中子孔隙度关系图

上述密度、声波时差反映孔隙度的图式中数据点的均匀程度及其线性关系都具有相对集中趋势，密度、声波时差都可以较为准确地表达和计算一类岩石物理相储层孔隙度参数变化及差异（图 6-2、图 6-3）。中子孔隙度在一类岩石物理相储层中因气层的"挖掘效应"而降低，反映该类储层孔隙度效果较差（图 6-4）。

岩石物理相分类后密度和声波时差与岩心分析建立的孔隙度模型相关关系趋于较高，它们计算的致密储层孔隙度都分别具有各自岩石物理相特征及其合理性。中子孔隙度与岩心建立的孔隙度模型，因挖掘效应相关关系差，不具明显岩石物理相特征差异。上述岩石物理相分类后建立的储层孔隙度模型，明显改善了数据点的均匀程度及其线性关系，在一定程度上克服了致密储层低信噪比、低分辨力的评价特征。

二、二类岩石物理相储层孔隙度测井解释模型及其图版

在该区目的层段取心分析的 14 口井，二类岩石物理相孔隙度范围在 4%~10%，孔隙度分布比较均匀，基本上以平均值 7.5% 为中心呈正态分布（图 6-5）。

图 6-6～图 6-8 是该区 14 口"关键井"目的层段二类岩石物理相密度（ρ_b）、声波时差（Δt）、中子孔隙度（Φ_N）与相应层段岩心分析孔隙度交会关系图，它们分别反映密度、声波时差、中子孔隙度与岩心分析孔隙度的统计分析式及其相关系数为：$\rho_b = -0.0164\Phi + 2.6910$；$R_1 = 0.650$。$\Delta t = 2.3573\Phi + 203.55$；$R_2 = 0.601$。$\Phi_N = 0.1021\Phi + 9.9829$；$R_3 = 0.060$。

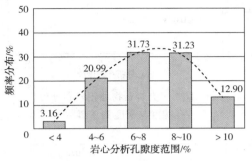

图 6-5　二类岩石物理相岩心分析
孔隙度分布直方图

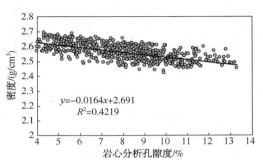

图 6-6　二类岩石物理相岩心分析
孔隙度与密度关系图

图 6-7　二类岩石物理相岩心分析
孔隙度与声波时差关系图

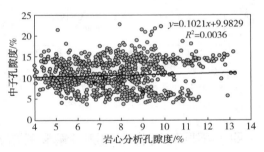

图 6-8　二类岩石物理相岩心分析
孔隙度与中子孔隙度关系图

上述密度、声波时差反映孔隙度的图式中数据点的均匀程度及其线性关系都具有相对集中趋势，密度、声波时差都可以较为准确地表达和计算二类岩石物理相储层孔隙度参数（图 6-6、图 6-7）。中子孔隙度在二类岩石物理相储层中因气层的"挖掘效应"而降低，反映该类储层孔隙度效果较差（图 6-8）。

三、三类岩石物理相储层孔隙度测井解释模型及其图版

在该区目的层段取心分析的 14 口井，三类岩石物理相孔隙度范围在 2%～8%，基本上以 5.5% 为中心分布（图 6-9）。

图 6-10～图 6-12 是该区 14 口"关键井"目的层段三类岩石物理相密度（ρ_b）、声波时差（Δt）、中子孔隙度（Φ_N）与相应层段岩心分析孔隙度交会关系图，它们分别反映密度、声波时差、中子孔隙度与岩心分析孔隙度的统计分析式及其相关系数为：$\rho_b = -0.0139\Phi + 2.6905$；$R_1 = 0.618$。$\Delta t = 2.8535\Phi + 197.43$；$R_2 = 0.609$。$\Phi_N = -0.096\Phi + 13.1$；$R_3 = 0.128$。

上述密度、声波时差反映孔隙度的图式中数据点的均匀程度及其线性关系都具有相对集中趋势，密度、声波时差都可以较为准确地表达和计算三类岩石物理相储层孔隙度参数（图 6-10、图 6-11）。中子孔隙度在三类岩石物理相储层中因气层的"挖掘效应"而降低，反映

该类储层孔隙度效果较差（图 6-12）。

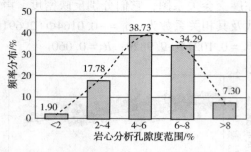

图 6-9　三类岩石物理相岩心分析
孔隙度分布直方图

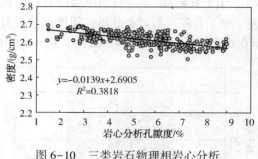

图 6-10　三类岩石物理相岩心分析
孔隙度与密度关系图

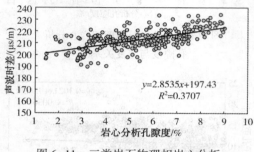

图 6-11　三类岩石物理相岩心分析
孔隙度与声波时差关系图

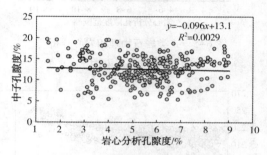

图 6-12　三类岩石物理相岩心分析
孔隙度与中子孔隙度关系图

四、不同岩石物理相测井解释孔隙度模型分析与评价

从上述不同类型岩石物理相图式可以看出，一类、二类、三类岩石物理相密度、声波时差反映孔隙度模式效果较好，中子孔隙度反映孔隙度模式较差（表 6-2）。

实用中，可以分别岩石物理相类型，利用密度、声波时差测井值分别计算相应储层孔隙度，然后取其统计特征值或均值。

表 6-2　不同岩石物理相测井解释孔隙度模型

岩石物理相类型	孔隙度测井方法	孔隙度测井解释模型	相关系数	实用效果
一类	密度	$\Phi = -62.11\rho_b + 166.88$	0.710	较好
	声波时差	$\Phi = 0.2413\Delta t - 47.18$	0.735	较好
	中子孔隙度	$\Phi = 4.742\Phi_N - 56.35$	0.128	较差
二类	密度	$\Phi = -60.98\rho_b + 164.09$	0.650	较好
	声波时差	$\Phi = 0.4242\Delta t - 86.35$	0.601	较好
	中子孔隙度	$\Phi = 9.794\Phi_N - 97.78$	0.060	较差
三类	密度	$\Phi = -71.94\rho_b + 193.56$	0.618	较好
	声波时差	$\Phi = 0.3504\Delta t - 69.19$	0.609	较好
	中子孔隙度	$\Phi = -10.416\Phi_N - 136.45$	0.054	较差

五、利用密度、声波时差综合信息求取不同岩石物理相储层孔隙度的方法

可以利用上述密度、声波时差解释模型及其相应密度、声波时差交会模式求取孔隙度解释模型，它可以更为准确地拟合密度、声波时差综合信息求取不同岩石物理相孔隙度参数值。

密度计算孔隙度模型：

$$\Phi_1 = A_1\rho_b + B_1 \tag{6-1}$$

声波时差计算孔隙度模型：

$$\Phi_2 = A_2\Delta t + B_2 \tag{6-2}$$

分别制作声波时差与密度测井值交会关系图（图6-13），得到相关公式：

$$\Delta t = A\rho_b + B \tag{6-3}$$

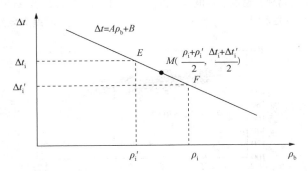

图6-13　密度、声波时差求取孔隙度交会关系图

如图6-13所示，需要计算的某层点孔隙度所对应的密度、声波时差测井值分别为 ρ_i、Δt_i，对应到密度与声波时差测井值交会关系图中的点分别为 F 与 E 点，显然这两点不在 $\Delta t = A\rho_b + B$ 这条直线上，这样就造成了分别采用密度和声波时差计算的孔隙度相差较大，采用该层点密度、声波时差对应到其交会直线上两点 E、F 的中点 M，把该中点 M 作为校正后的计算点，分别采用密度和声波时差模型计算孔隙度，求取两者孔隙度参数模型拟合值为较可靠的孔隙度值。具体操作步骤如下：

（1）E 点坐标为 $(\rho_i', \Delta t_i)$，$\Delta t_i = A\rho_i' + B$，则 $\rho_i' = \dfrac{\Delta t_i - B}{A}$；

（2）F 点坐标为 $(\rho_i, \Delta t_i')$，$\Delta t_i' = A\rho_i + B$，则中点 M 点坐标为 $\left(\dfrac{\rho_i + \rho_i'}{2}, \dfrac{\Delta t_i + \Delta t_i'}{2}\right)$，把 M 点分别代入上述孔隙度模型中，分别得到密度、声波时差计算孔隙度值：

$$\phi_{1i} = A_1\frac{\rho_i + \rho_i'}{2} + B_1 = \frac{A_2}{2}\left(\rho_i + \frac{\Delta t_i - B}{A}\right) + B_1 \tag{6-4}$$

$$\phi_{2i} = A_2\frac{\Delta t_i + \Delta t_i'}{2} + B_2 = \frac{A_2}{2}(\Delta t_i + A\rho_i + B) + B_2 \tag{6-5}$$

则该层点孔隙度值为：

$$\phi_i = \frac{\phi_{1i} + \phi_{2i}}{2} = \frac{A_2}{4}\left(\rho_i + \frac{\Delta t_i - B}{A}\right) + \frac{A_2}{4}(\Delta t_i + A\rho_i + B) + \frac{B_1 + B_2}{2} \tag{6-6}$$

图6-14~图6-16分别为一类、二类、三类岩石物理相密度、声波时差交会关系图，图

中反映出密度与声波时差的拟合关系均较好，它们能够更为准确地对密度、声波时差所算出的孔隙度参数进行拟合求取。

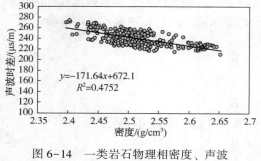

图 6-14　一类岩石物理相密度、声波
时差交会关系图

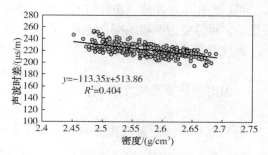

图 6-15　二类岩石物理相密度、声波
时差交会关系图

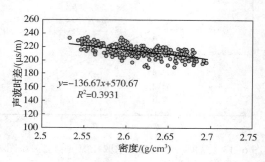

图 6-16　三类岩石物理相密度、声波时差交会关系图

表 6-3 为不同岩石物理相密度、声波时差交会统计式及利用密度、声波交会求取孔隙度相关特征参数及解释模型表。

表 6-3　苏东研究区盒 8、山 1、山 2 分类岩石物理相密度–声波时差综合计算孔隙度模型表

岩石物理相类型	密度、声波时差交会关系式	相关系数	孔隙度解释模型特征参数值		孔隙度解释模型
一类	$\Delta t = -171.64\rho_b + 672.1$	0.689	A	-171.64	$\Phi_i = -25.88\rho_i + 0.15\Delta t_i + 39.59$
			A_1	-62.11	
			A_2	0.2413	
			B	672.1	
			B_1	166.88	
			B_2	-47.18	
二类	$\Delta t = -113.35\rho_b + 513.86$	0.636	A	-113.35	$\Phi_i = -27.27\rho_i + 0.24\Delta t_i + 24.25$
			A_1	-60.98	
			A_2	0.4242	
			B	513.86	
			B_1	164.09	
			B_2	-86.35	

续表

岩石物理相 类型	密度、声波时差交会关系式	相关系数	孔隙度解释模型 特征参数值		孔隙度解释模型
三类	$\Delta t = -136.67\rho_b + 570.67$	0.627	A	-136.67	$\Phi_i = -29.96\rho_i + 0.22\Delta t_i + 37.08$
			A_1	-71.94	
			A_2	0.3504	
			B	570.67	
			B_1	193.56	
			B_2	-69.19	

第三节　基于岩石物理相分类的致密砂岩气藏储层渗透率测井解释方法

渗透率是研究和评价致密气藏储层和生产能力的十分重要参数。由于受岩石颗粒粗细、孔隙类型、孔隙结构及其相应孔喉弯曲度、大小、分布形式、流体性质、黏土类型分布等诸多因素影响，使得测井响应与渗透率之间关系非常复杂，各影响因素之间尚无精确的理论关系。一般可用孔隙度和各种测井响应曲线统计分析不同岩石物理相渗透率参数。

一、一类岩石物理相储层渗透率测井解释模型及其图版

利用该区14口取心分析层点渗透率数值，划分制作一类岩石物理相岩心分析渗透率分布直方图，其渗透率分布范围在$(0.25 \sim 1.00) \times 10^{-3} \mu m^2$，数值分布不够均匀，主要平均在$0.5 \times 10^{-3} \mu m^2$左右(图6-17)。

(一)岩心分析孔隙度计算渗透率模型

采用一类岩石物理相的孔隙度控制计算渗透率变化，利用岩石物理相分类后的岩心分析孔、渗资料，建立一类岩石物理相孔隙度计算渗透率模式(图6-18)。

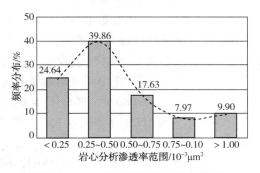

图6-17　一类岩石物理相岩心分析
渗透率分布直方图

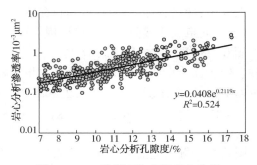

图6-18　一类岩石物理相岩心分析
孔隙度与渗透率关系图

图中渗透率计算模型：$K_1 = 0.0408 e^{0.2119\Phi}$；相关系数$R_1 = 0.724$。

可以看出，一类岩石物理相岩心分析渗透率与孔隙度相关关系较好，只要孔隙度高，水

平空气渗透率相对也比较高。因此，可以利用这种岩心分析孔、渗关系计算目的层段渗透率。

（二）密度、声波时差、自然电位、自然伽马计算渗透率模型

图 6-19～图 6-22 是该区 14 口关键井目的层段一类岩石物理相密度、声波时差、自然电位、自然伽马减小系数与相应岩心分析渗透率关系图，图中反映出统计分析式及其相关系数分别为：$K_2 = 2 \times 10^8 e^{-8.049\rho_b}$；$R_2 = 0.617$。$K_3 = 0.0002 e^{0.031\Delta t}$；$R_3 = 0.602$。$K_4 = 0.157 e^{1.9279 a}$；$R_4 = 0.565$。$K_5 = 0.0055 e^{4.9791 GR_1}$；$R_5 = 0.472$。

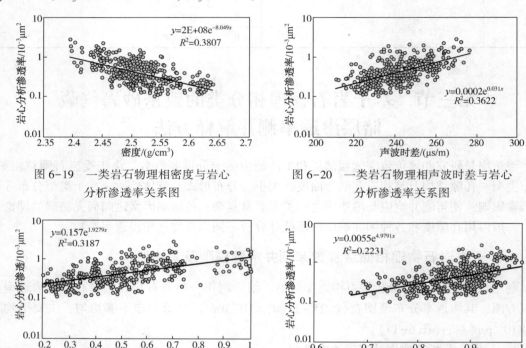

图 6-19　一类岩石物理相密度与岩心
分析渗透率关系图

图 6-20　一类岩石物理相声波时差与岩心
分析渗透率关系图

图 6-21　一类岩石物理相自然电位减小
系数与岩心分析渗透率关系图

图 6-22　一类岩石物理相自然伽马减小
系数与岩心分析渗透率关系图

图式中，数据点的均匀程度和相关系数反映出的线性关系具有相对集中分布趋势。

（三）光电吸收截面、伽马能谱钾、钍、铀及中子孔隙度计算渗透率模型

图 6-23～图 6-27 是该区 14 口关键井目的层段一类岩石物理相光电吸收截面、伽马能谱钾、钍、铀减小系数及中子孔隙度与相应岩心分析渗透率关系图，图中反映出的统计分析式及其相关系数分别为：$K_6 = 0.2349 e^{0.8665 P_{ea}}$；$R_6 = 0.162$。$K_7 = 0.0808 e^{2.1836 K_a}$；$R_7 = 0.420$。$K_8 = 0.033 e^{2.7742 Th_a}$；$R_8 = 0.281$。$K_9 = 0.5542 e^{-0.418 U_a}$；$R_9 = 0.052$。$K_{10} = 0.3569 e^{0.0092 \Phi_N}$；$R_{10} = 0.062$。

图式中，伽马能谱钾、钍计算渗透率模式线性关系相对集中，光电吸收截面居中，铀含量及中子孔隙度模式线性关系较差。

（四）一类岩石物理相测井解释渗透率模型分析与评价

从上述渗透率计算模式可以看出，孔隙度及其密度、声波时差、自然电位、自然伽马与能谱钾、钍含量计算渗透率效果较好，铀含量及中子孔隙度反映渗透率效果较差，光电吸收截面居中(表6-4)。

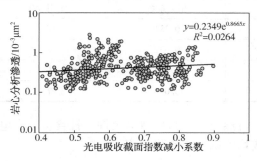

图 6-23　一类岩石物理相光电吸收截面减小
系数与岩心分析渗透率关系图

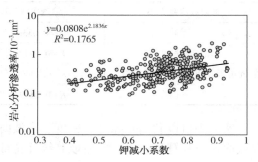

图 6-24　一类岩石物理相钾含量减小
系数与岩心分析渗透率关系图

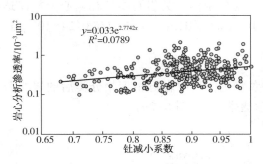

图 6-25　一类岩石物理相钍含量减小
系数与岩心分析渗透率关系图

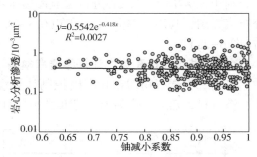

图 6-26　一类岩石物理相铀含量减小
系数与岩心分析渗透率关系图

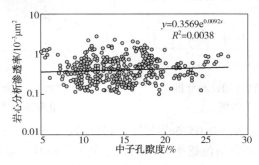

图 6-27　一类岩石物理相中子孔隙度与岩心分析渗透率关系图

表 6-4　一类岩石物理相测井解释渗透率模型

参数或测井方法	渗透率解释模型	相关系数	实用效果
孔隙度	$K=0.0408e^{0.2119\Phi}$	0.724	较好
密度	$K=2\times10^{8}e^{-8.049\rho_b}$	0.617	较好
声波时差	$K=0.0002e^{0.031\Delta t}$	0.602	较好
自然电位减小系数	$K=0.157e^{1.9279a}$	0.565	较好
自然伽马减小系数	$K=0.0055e^{4.9791GR_1}$	0.472	较好
伽马钾含量减小系数	$K=0.0808e^{2.1836K_a}$	0.420	较好

参数或测井方法	渗透率解释模型	相关系数	实用效果
伽马钍含量减小系数	$K = 0.033e^{2.7742Th_a}$	0.281	较好
伽马铀含量减小系数	$K = 0.5542e^{-0.418U_a}$	0.052	较差
光电吸收截面指数减小系数	$K = 0.2349e^{0.8665P_{ea}}$	0.162	中
中子孔隙度	$K = 0.3569e^{0.0092\Phi_N}$	0.062	较差

实用中可以利用孔隙度、密度、声波时差、自然电位、自然伽马及钾、钍含量、光电吸收截面指数计算渗透率，然后取其统计特征值或均值确定层点渗透率。

二、二类岩石物理相储层渗透率测井解释模型及其图版

利用该区 14 口井取心分析层点渗透率数值，划分制作二类岩石物理相岩心分析渗透率分布直方图，其渗透率分布范围在 $(0.1 \sim 0.4) \times 10^{-3} \mu m^2$ 范围内，平均约在 $0.24 \times 10^{-3} \mu m^2$ 左右（图 6-28）。

（一）岩心分析孔隙度计算渗透率模型

采用二类岩石物理相孔隙度控制计算渗透率变化，利用岩石物理相分类后的岩心分析孔、渗资料，建立二类岩石物理相孔隙度计算渗透率模式（图 6-29）。

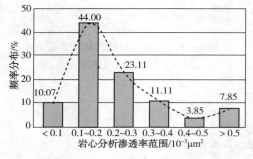

图 6-28　二类岩石物理相岩心分析
渗透率分布直方图

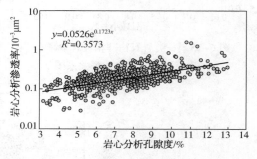

图 6-29　二类岩石物理相岩心分析
孔隙度与渗透率关系图

图中渗透率计算模型：$K_1 = 0.0526e^{0.1723\Phi}$；相关系数 $R_1 = 0.600$。

该二类岩石物理相岩心分析渗透率与孔隙度相关关系较好，也可以利用这种岩心分析孔隙度计算目的层段渗透率参数。

（二）密度、声波时差、自然电位、自然伽马计算渗透率模型

图 6-30~图 6-33 是该区 14 口关键井目的层段二类岩石物理相密度、声波时差、自然电位、自然伽马减小系数与相应岩心分析渗透率关系图，图中反映出统计分析式及其相关系数分别为：$K_2 = 3 \times 10^6 e^{-6.368\rho_b}$；$R_2 = 0.500$。$K_3 = 0.0003e^{0.0285\Delta t}$；$R_3 = 0.402$。$K_4 = 0.1178e^{1.2429a}$；$R_4 = 0.348$。$K_5 = 0.0214e^{2.7776GR_1}$；$R_5 = 0.422$。

图式中，密度、声波时差、自然伽马减小系数反映渗透率的线性关系和相关系数相对较好，自然电位减小系数反映渗透率线性关系和相关关系有所降低。

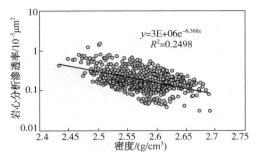

图 6-30　二类岩石物理相密度与岩心
分析渗透率关系图

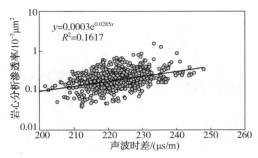

图 6-31　二类岩石物理相声波时差与岩心
分析渗透率关系图

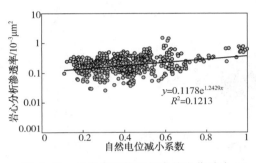

图 6-32　二类岩石物理相自然电位减小
系数与岩心分析渗透率关系图

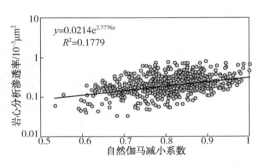

图 6-33　二类岩石物理相自然伽马减小
系数与岩心分析渗透率关系图

（三）光电吸收截面、伽马能谱钾、钍、铀及中子孔隙度计算渗透率模型

图 6-34～图 6-38 是该区 14 口关键井目的层段二类岩石物理相光电吸收截面、伽马能谱钾、钍、铀减小系数及中子孔隙度与相应岩心分析渗透率关系图，图中反映出的统计分析式及其相关系数分别为：$K_6 = 0.1147e^{0.8459P_{ea}}$；$R_6 = 0.187$。$K_7 = 0.0739e^{1.5909K_a}$；$R_7 = 0.353$。$K_8 = 0.0796e^{1.1487T_{ha}}$；$R_8 = 0.168$。$K_9 = 0.1969e^{0.0837U_a}$；$R_9 = 0.010$。$K_{10} = 0.2274e^{-0.011\Phi_N}$；$R_{10} = 0.059$。

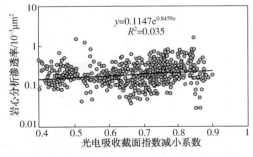

图 6-34　二类岩石物理相光电吸收截面减小
系数与岩心分析渗透率关系图

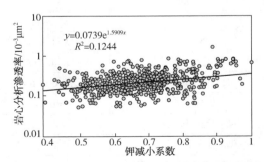

图 6-35　二类岩石物理相钾含量减小
系数与岩心分析渗透率关系图

图式中，伽马能谱钾计算渗透率模式线性关系相对集中，光电吸收截面、钍含量居中，铀含量及中子孔隙度模式线性关系较差。

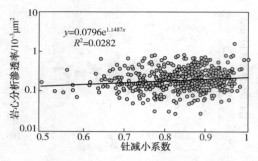

图 6-36 二类岩石物理相钍含量减小
系数与岩心分析渗透率关系图

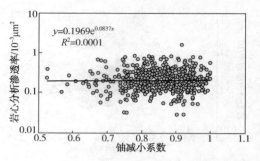

图 6-37 二类岩石物理相铀含量减小
系数与岩心分析渗透率关系图

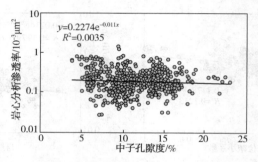

图 6-38 二类岩石物理相中子孔隙度与岩心分析渗透率关系图

（四）二类岩石物理相测井解释渗透率模型分析与评价

从上述渗透率计算模式可以看出，孔隙度及其密度、声波时差、自然电位、自然伽马与能谱钾含量计算渗透率效果较好，钍含量、光电吸收截面居中，铀含量及中子孔隙度反映渗透率效果较差(表6-5)。

表 6-5 二类岩石物理相测井解释渗透率模型

参数或测井方法	渗透率解释模型	相关系数	实用效果
孔隙度	$K = 0.0526e^{0.1723\Phi}$	0.600	较好
密度	$K = 3 \times 10^6 e^{-6.368\rho_b}$	0.500	较好
声波时差	$K = 0.0003e^{0.0285\Delta t}$	0.402	较好
自然电位减小系数	$K = 0.1178e^{1.2429a}$	0.348	较好
自然伽马减小系数	$K = 0.0214e^{2.7776GR_1}$	0.422	较好
伽马钾含量减小系数	$K = 0.0739e^{1.5909K_a}$	0.353	较好
伽马钍含量减小系数	$K = 0.0796e^{1.1487Th_a}$	0.168	中
伽马铀含量减小系数	$K = 0.1969e^{0.0837U_a}$	0.010	较差
光电吸收截面指数减小系数	$K = 0.1147e^{0.8459P_{ea}}$	0.187	中
中子孔隙度	$K = 0.2274e^{-0.011\Phi_N}$	0.059	较差

实用中可以利用孔隙度、密度、声波时差、自然电位、自然伽马及其钾、钍含量、光电吸收截面指数计算渗透率，然后取其统计特征值或均值确定层点渗透率。

三、三类岩石物理相储层渗透率测井解释模型及其图版

利用该区 14 口井取心分析层点渗透率数值,划分制作三类岩石物理相岩心分析渗透率分布直方图,其渗透率分布范围在 $(0.01 \sim 0.3) \times 10^{-3} \mu m^2$ 范围内,平均约在 $0.10 \times 10^{-3} \mu m^2$ 左右(图 6-39)。

(一)岩心分析孔隙度计算渗透率模型

采用三类岩石物理相孔隙度控制计算渗透率变化,利用岩石物理相分类后的岩心分析孔、渗资料,建立三类岩石物理相孔隙度计算渗透率模式(图 6-40)。

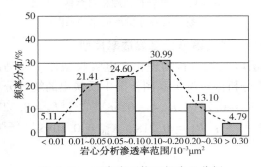

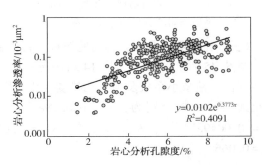

图 6-39　三类岩石物理相岩心分析　　　　图 6-40　三类岩石物理相岩心分析
　　　　渗透率分布直方图　　　　　　　　　　　孔隙度与渗透率关系图

图中渗透率计算模型: $K_1 = 0.0102 e^{0.3773\Phi}$;相关系数 $R_1 = 0.640$。

该三类岩石物理相岩心分析渗透率与孔隙度相关关系较好,也可以利用这种岩心分析孔隙度计算目的层段渗透率参数。

(二)密度、声波时差、自然电位、自然伽马计算渗透率模型

图 6-41~图 6-44 是该区 14 口关键井目的层段三类岩石物理相密度、声波时差、自然电位、自然伽马减小系数与相应岩心分析渗透率关系图,图中反映出统计分析式及其相关系数分别为: $K_2 = 4 \times 10^{13} e^{-12.92\rho_b}$; $R_2 = 0.475$。 $K_3 = 1 \times 10^{-7} e^{0.0633\Delta t}$; $R_3 = 0.478$。 $K_4 = 0.098 e^{-0.654a}$; $R_4 = 0.090$。 $K_5 = 0.0045 e^{3.9339GR_1}$; $R_5 = 0.400$。

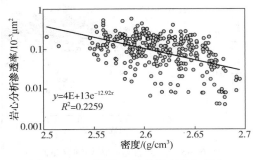

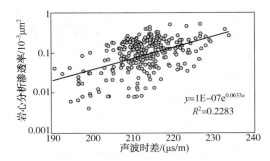

图 6-41　三类岩石物理相密度与岩心　　　图 6-42　三类岩石物理相声波时差
　　　　分析渗透率关系图　　　　　　　　　　与岩心分析渗透率关系图

图式中,密度、声波时差、自然伽马减小系数反映渗透率的线性关系和相关系数相对较好,自然电位减小系数反映渗透率线性关系和相关关系差。

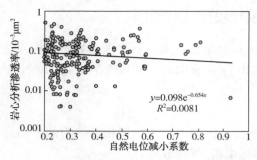

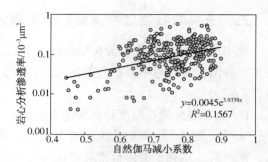

图 6-43　三类岩石物理相自然电位减小
系数与岩心分析渗透率关系图

图 6-44　三类岩石物理相自然伽马减小
系数与岩心分析渗透率关系图

（三）光电吸收截面、伽马能谱钾、钍、铀及中子孔隙度计算渗透率模型

图 6-45～图 6-49 是该区 14 口关键井目的层段三类岩石物理相光电吸收截面、伽马能
谱钾、钍、铀减小系数及中子孔隙度与相应岩心分析渗透率关系图，图中反映出的统计分析
式及其相关系数分别为：$K_6 = 0.0328e^{1.5823P_{ea}}$；$R_6 = 0.251$。$K_7 = 0.015e^{3.3474K_a}$；$R_7 = 0.321$。
$K_8 = 0.0049e^{3.6009Th_a}$；$R_8 = 0.339$。$K_9 = 0.012e^{2.446U_a}$；$R_9 = 0.218$。$K_{10} = 0.1083e^{-0.022\Phi_N}$；
$R_{10} = 0.066$。

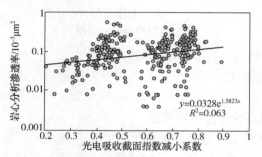

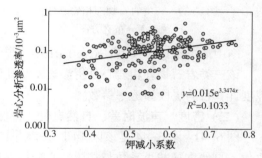

图 6-45　三类岩石物理相光电吸收截面减小
系数与岩心分析渗透率关系图

图 6-46　三类岩石物理相钾含量减小
系数与岩心分析渗透率关系图

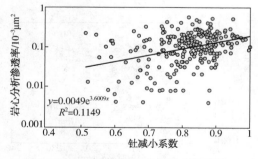

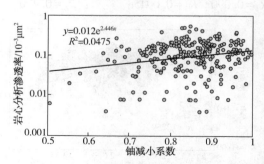

图 6-47　三类岩石物理相钍含量减小
系数与岩心分析渗透率关系图

图 6-48　三类岩石物理相铀含量减小
系数与岩心分析渗透率关系图

图式中，伽马能谱钾、钍含量反映渗透率相对较好，光电吸收截面、伽马能谱铀含量居
中，中子孔隙度较差。

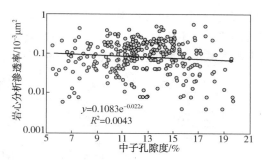

图 6-49　三类岩石物理相中子孔隙度与岩心分析渗透率关系图

（四）三类岩石物理相测井解释渗透率模型分析与评价

从上述渗透率计算模式可以看出，孔隙度及其密度、声波时差、自然电位、自然伽马与能谱钾、钍含量计算渗透率效果较好，伽马能谱铀含量、光电吸收截面反映渗透率居中，自然电位及中子孔隙度效果较差（表6-6）。

表 6-6　三类岩石物理相测井解释渗透率模型

参数或测井方法	渗透率解释模型	相关系数	实用效果
孔隙度	$K = 0.0102e^{0.3773\Phi}$	0.640	较好
密度	$K = 4 \times 10^{13}e^{-12.92\rho_b}$	0.475	较好
声波时差	$K = 1 \times 10^{-7}e^{0.0633\Delta t}$	0.478	较好
自然电位减小系数	$K = 0.098e^{-0.654a}$	0.090	较差
自然伽马减小系数	$K = 0.0045e^{3.9339GR_1}$	0.400	较好
伽马钾含量减小系数	$K = 0.015e^{3.3474K_a}$	0.321	较好
伽马钍含量减小系数	$K = 0.0049e^{3.6009Th_a}$	0.339	较好
伽马铀含量减小系数	$K = 0.012e^{2.446U_a}$	0.218	中
光电吸收截面指数减小系数	$K = 0.0328e^{1.5823P_{ea}}$	0.251	中
中子孔隙度	$K = 0.1083e^{-0.022\Phi_N}$	0.066	较差

实用中可以利用孔隙度、密度、声波时差、光电吸收截面指数、自然伽马及其钾、钍、铀含量计算渗透率，然后取其统计特征值或均值确定层点渗透率。

四、利用 Hodges-Lehmann 法确定不同类型岩石物理相储层渗透率的方法

由于该区目的层段致密气藏储层非均质、非线性分布特征，不同类型岩石物理相储层受岩石颗粒粗细、孔隙弯曲度、孔喉半径、孔隙类型、结构特征及其流体性质、黏土分布形式等多种因素影响，储层测井响应与渗透率之间关系非常复杂。通过该区岩石物理相分类后建立渗透率解释模型，各参数数据点的均匀程度及其反映出的线性关系已具有相对集中的趋势。因此，可以利用上述孔隙度、密度、声波时差、自然电位、自然伽马、光电吸收截面指数和钾、钍、铀含量及中子孔隙度等曲线计算不同类别岩石物理相储层渗透率，并根据不同类别分析方法的有利条件和不利因素，分别删除实用效果较差的计算模式，筛选和提取较为有效的 6~8 种计算结果（如一类删除伽马铀含量和中子孔隙度方法，二类删除铀含量及中子孔隙度方法，三类删除自然电位与中子孔隙度方法），用 Hodges-Lehmann 法综合估计并确定不同类别储层渗透率。

比如用上述 10 种方法确定出 6 个储层渗透率，仍然有可能包含若干有利条件和不利因素，因而很难避免数值上有较大误差，产生不良的计算结果。用 Hodges-Lehmann 方法，则能够较好兼顾各个评估数值，较大限度减小偏离很大的测量结果影响。这首先计算出所有二元对：

$$\frac{K(1)+K(1)}{2}, \quad \frac{K(1)+K(2)}{2}, \quad \cdots, \quad \frac{K(1)+K(m)}{2}$$

$$\frac{K(2)+K(2)}{2}, \quad \frac{K(2)+K(3)}{2} \quad \cdots \quad \frac{K(2)+K(m)}{2}$$

$$\frac{K(3)+K(3)}{2} \quad \cdots \quad \frac{K(3)+K(m)}{2}$$

$$\cdots$$

$$\frac{K(m)+K(m)}{2}$$

对 6 个数来说，$m=6$，二元对的总数为 $m+(m-1)+\cdots+1=21$，即

$$K_{11}, \ K_{12}, \ K_{13}, \ K_{14}, \ K_{15}, \ K_{16}$$
$$K_{22}, \ K_{23}, \ K_{24}, \ K_{25}, \ K_{26}$$
$$K_{33}, \ K_{34}, \ K_{35}, \ K_{36}$$
$$K_{44}, \ K_{45}, \ K_{46}$$
$$K_{55}, \ K_{56}$$
$$K_{66}$$

把这些数从高到低排列出来，Hodges-Lehmann 综合估计值则为这 21 个数的中间数值。如果二元对是一组偶数的数值，把数值从高到低排列，Hodges-Lehmann 综合估计值为这两个中间数值的算术平均值，由此确定出储层渗透率。只要上述计算分析值多于 2 个，也同样用 Hodges-Lehmann 法估计渗透率值。

Hodges-Lehmann 法，可以较好地反映各个评估参数，避免个别畸变数值影响，从而更精确地计算出储层渗透率。

第四节　致密砂岩气藏储层含气饱和度解释方法

原始含气饱和度是储层研究中较难确定的一个参数，且不同的方法其结果可能不尽相同。目前，常用的是阿尔奇方程测井解释法，结合取心分析和压汞法，综合选取。

一、阿尔奇方程求取含气饱和度的方法

（一）阿尔奇方程含水饱和度表达式

地层含水饱和度 S_w 是评价储层的基本参数，它表示水在岩石孔隙体积中所占的相对比例。$1-S_w$ 则为储集层含气饱和度，它表示气在岩石孔隙中的相对体积。确定饱和度的基本方法，通常是以电阻率测井为基础的。对于综合测井，一般取侧向测井或感应测井电阻率。测井解释含水饱和度一般使用阿尔奇方程，不同地区、油田、井区、层段采用不同的具体形式和不同参数。

阿尔奇方程的基本模型由下述两部分组成：

地层因素：

$$F = \frac{R_{\mathrm{o}}}{R_{\mathrm{w}}} = \frac{a}{\phi^{m}} \tag{6-7}$$

电阻率指数（电阻增大率）：

$$I = \frac{R_{\mathrm{t}}}{R_{\mathrm{o}}} = \frac{b}{S_{\mathrm{w}}^{n}} \tag{6-8}$$

经过变换可得：

$$S_{\mathrm{w}} = \left(\frac{abR_{\mathrm{w}}}{\phi^{m} R_{\mathrm{t}}} \right)^{\frac{1}{n}} \tag{6-9}$$

式中　R_{w}——地层水电阻率，$\Omega \cdot \mathrm{m}$；

R_{t}——地层电阻率，$\Omega \cdot \mathrm{m}$；

ϕ——孔隙度，f；

m——孔隙度指数（胶结指数）；

n——饱和度指数；

a——地层因素表达式系数；

b——电阻率指数表达式系数。

式中各参数在苏东研究区致密气藏储层岩心岩电实验研究中，它们与油藏岩性、流体性质及分布都有明显关系。

（二）孔隙度指数与地层因素表达式系数

含水饱和度 S_{w} 公式中各项参数确定及做法如下：

孔隙度指数（m）与岩性系数（a）是根据岩电实验资料提供的地层因素（F）及孔隙度（ϕ）资料确定，具体做法如下：

（1）在双对数坐标（F 为纵坐标，ϕ 为横坐标）中做 $F\text{-}\phi$ 交会图；

（2）对数据点以 $\lg F$ 为因变量，以 $\lg \phi$ 为自变量进行回归，求得的直线方程中斜率为 m，截距为 a；

（3）求出的方程相关系数一般大于 0.8。

分别利用该区盒8、山1、山2的53块及48块样品的岩电实验结果制作地层因素（F）与孔隙度（ϕ）关系图6-50、图6-51。

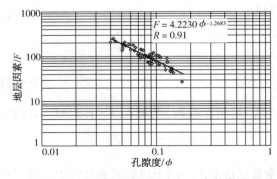

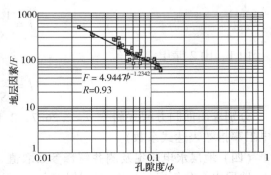

图6-50　盒8储层地层因素与孔隙度关系图　　图6-51　山1、山2储层地层因素与孔隙度关系图

根据图 6-50、图 6-51 中样品的地层因素与孔隙度关系分布于一条直线，其相关系数分别 0.91、0.93，其回归方程式盒 8 储层：

$$F = \frac{4.2230}{\phi^{1.2683}} (相关系数 0.91) \tag{6-10}$$

山 1、山 2 储层：

$$F = \frac{4.9447}{\phi^{1.2342}} (相关系数 0.93) \tag{6-11}$$

分别求的回归方程斜率 $m = 1.2683$、1.2342（孔隙度指数）与截距 $a = 4.2230$、4.9447（地层因素表达式系数）。

（三）饱和度指数与电阻率指数表达式系数

饱和度指数（n）与岩性系数（b）是根据岩电实验资料提供的电阻率指数（I）及含水饱和度（S_w）资料确定，具体做法同上。

分别对该区盒 8、山 1、山 2 的 52 块及 48 块样品测出其完全含水时电阻率，然后岩样内逐渐压入石油，改变岩样含水饱和度，同样测量 R_t 值，同样得到一组 S_w、R_t 数据，并分别在双对数坐标纸上作出 $I = f(S_w)$ 关系图 6-52、图 6-53。

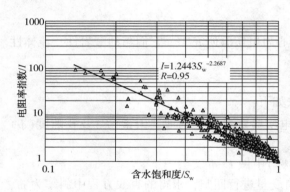

图 6-52　盒 8 储层电阻率指数与含水
饱和度关系图

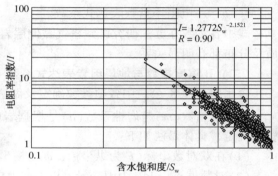

图 6-53　山 1、山 2 储层电阻率指数
与含水饱和度关系图

图 6-52、图 6-53 中样品电阻率指数与含水饱和度关系分布于一条直线，其相关系数分别 0.95、0.90，其回归方程式盒 8 储层：

$$I = \frac{1.2443}{S_w^{2.2687}} \tag{6-12}$$

山 1、山 2 储层：

$$I = \frac{1.2772}{S_w^{2.1521}} \tag{6-13}$$

分别求出回归方程式斜率 $n = 2.2687$、2.1521（饱和度指数）与截距 $b = 1.2443$、1.2772（电阻率指数表达式系数）。

（四）地层水电阻率及测井解释参数取值

地层水全分析资料是确定原始地层水电阻率最直接方法。由于压裂试油过程中，地层初期测试产出的液体，大多为压裂液等外部侵入水和地层水的混合体，为求得准确的地层水矿化度，通常选用产水量较大、组分相对稳定、Cl⁻含量较高，且总矿化度与地层深度有较好正相关的地层水资料。

依据上述原则，采用气藏水分析资料，利用统计分析方法求取气藏地层水电阻率 R_{wa} 计算经验关系式：

$$R_{wa} \approx 0.0123 + \frac{3647.54}{P_{mn}^{0.995}} \qquad (6-14)$$

式中　P_{mn}——24℃时地层水总矿化度，mg/L；

R_{wa}——24℃时地层水电阻率，$\Omega \cdot m$。

则可求出任何温度下地层水电阻率 R_w：

$$R_w = R_{wa} \frac{45.5}{T + 21.5} \qquad (6-15)$$

通过该区盒 8、山 1、山 2 段地层水性资料分析统计表，它们分别求得该区盒 8、山 1、山 2 段平均地层水电阻率 0.078$\Omega \cdot m$、0.084$\Omega \cdot m$。

上述各项参数已经盒 8、山 1、山 2 气藏岩心岩电试验表明，盒 8 与山 1、山 2 储层岩性、流体、水分析等资料在剖面上不尽相同，各具其独立特征，其参数及取值见表 6-7。

表 6-7　苏东研究区盒 8、山 1、山 2 储层测井解释参数取值表

参数符号	$R_w/\Omega \cdot m$	a	b	m	n
参数含义	地层水电阻率	地层因素表达式系数	电阻率指数表达式系数	孔隙度指数	饱和度指数
盒 8	0.08	4.22	1.24	1.27	2.27
山 1、山 2	0.08	4.94	1.28	1.23	2.15

利用这些参数和阿尔奇公式，就可以计算确定相应储层含水(气)饱和度。

二、取心分析求取含气饱和度的方法

从目前国内外的研究情况表明，利用取心资料直接测定地层原始含油气饱和度是最直接、可靠的方法，而采用测井解释法及压汞间接方法确定含油气、水饱和度也必须运用直接资料进行验证。所以，必须在每个油气田适当的构造部位上选择部分井采用取心分析法确定原始含油气饱和度。

（一）一类岩石物理相储层饱和度

利用该区 14 口井目的层段取心分析层点含水饱和度数值，划分制作一类气水层岩石物理相岩心分析含水饱和度分布直方图，其含水饱和度分布范围在 40% ~ 75%，基本上以平均值 62% 为中心呈正态分布(图 6-54)。

图 6-55 为该区 14 口井目的层段一类气水层岩石物理相岩心分析孔隙度与岩心分析含水饱和度关系散点图，两者对应关系基本明显，总体反映含水性随孔隙度的增大而减小的趋势，即含气性随孔隙度呈增大趋势。

一类岩石物理相平均孔隙度 11.0% 对应的含水饱和度为 62.0%，其值与岩心分析含水饱和度值趋于一致，则该区目的层段一类气水层岩石物理相平均含气饱和度为 38%。

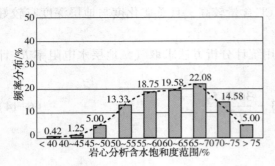

图 6-54 一类气水层岩石物理相岩心分析
含水饱和度分布直方图

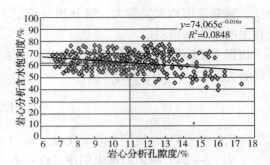

图 6-55 一类气水层岩石物理相岩心分析
孔隙度与岩心分析含水饱和度关系图

（二）二类岩石物理相储层饱和度

利用该区 14 口井目的层段取心分析层点含水饱和度数值，划分制作二类差气层（含部分一类气层）岩石物理相岩心分析含水饱和度分布直方图，其含水饱和度分布范围在 20%~80%，基本上以平均值 50% 为中心呈正态分布（图 6-56）。

图 6-57 为该区 14 口井目的层段二类差气层、气层岩石物理相岩心分析孔隙度与岩心分析含水饱和度关系散点图，两者对应关系基本明显，总体反映含水性随孔隙度的增大而减小的趋势，即含气性随孔隙度呈增大趋势。

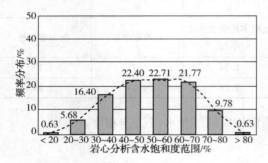

图 6-56 二类差气层、气层岩石物理相岩心
分析含水饱和度分布直方图

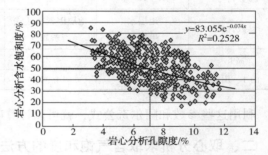

图 6-57 二类差气层、气层岩石物理相岩心
分析孔隙度与岩心分析含水饱和度关系图

二类岩石物理相平均孔隙度 7.0% 对应的含水饱和度为 50.0%，其值与岩心分析含水饱和度值趋于一致，则该区目的层段二类差气层、气层岩石物理相平均含气饱和度为 50%。

（三）三类岩石物理相储层饱和度

利用该区 14 口井目的层段取心分析层点含水饱和度数值，划分制作三类气显示层岩石物理相岩心分析含水饱和度分布直方图，其含水饱和度分布范围在 45%~75%，基本上以平均值 63% 为中心呈正态分布（图 6-58）。

图 6-59 为该区 14 口井目的层段三类气显示层岩石物理相岩心分析孔隙度与岩心分析含水饱和度关系散点图，两者对应关系基本明显，总体反映含水性随孔隙度的增大而增大的趋势，即含气性随孔隙度呈减小趋势。

三类岩石物理相平均孔隙度 5.5% 对应的含水饱和度为 63.0%，其值与岩心分析含水饱和度值趋于一致，则该区目的层段三类气显示层岩石物理相平均含气饱和度为 37%。

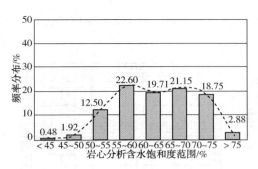

图6-58　三类气显示层岩石物理相岩心分析
含水饱和度分布直方图

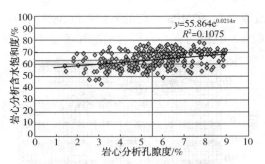

图6-59　三类气显示层岩石物理相岩心分析
孔隙度与岩心分析含水饱和度关系图

三、压汞求取含气饱和度的方法

（一）J 函数与毛管压力关系

油气藏分布状态是毛管压力与驱动力平衡结果，毛管压力试验技术模拟了油气驱水气藏形成过程，饱和度与毛管压力的关系曲线，表明储气岩石孔隙性的好坏与产气能力的高低，为计算原始含气饱和度提供了依据。

根据 J 函数和毛管压力 P_c：

$$J = P_c \times \left(\frac{K}{\phi}\right)^{0.5} / (\sigma_{Hg} \times \cos\theta_{Hg}) \tag{6-16}$$

式中　σ_{Hg}——汞与空气系统界面张力，480mN/m；

θ_{Hg}——汞与空气系统界面夹角，140°；

P_c——毛管压力，MPa；

K——渗透率，$10^{-3}\mu m^2$；

ϕ——孔隙度，f。

对于每一条毛管压力曲线来说，σ_{Hg}、$\cos\theta_{Hg}$、K、ϕ 为常数，可以令 $C = \dfrac{1}{\sigma_{Hg}\cos\theta_{Hg}}\left(\dfrac{K}{\phi}\right)^{0.5}$，由平均 J 函数通过 $P_c = J/C$ 换算，获得平均毛管压力曲线。即将 J 函数曲线上任一含汞饱和度对应的 J 值乘以平均 C 值的倒数，则可得到该点对应的平均毛管压力值，进而得出该油层平均毛管压力曲线（图6-60）。

（二）一类岩石物理相储层饱和度

通过该区目的层段 9 口井 13 块一类气水层岩石物理相岩样的高压压汞资料，经 J 函数换算后得到 $J—S_g$ 关系图（图6-61），据此拟合出一条有代表性的一类岩石物理相平均 J 函数曲线。

一类岩石物理相平均渗透率为 $0.50\times10^{-3}\mu m^2$，其对应的中值半径为 $0.062\mu m$（图6-62），中值半径 $0.062\mu m$ 对应的中值压力为 11.93MPa（图6-63），而

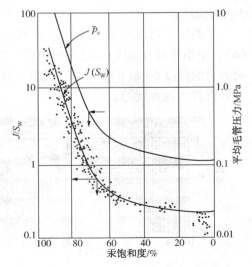

图6-60　油气田 J 函数与平均毛管
压力 P_c 曲线对比图

中值压力 11.93MPa 对应的汞饱和度 38%（图 6-64），其含气饱和度为 38%，对应的含水饱和度为 62%，其值与岩心分析含水饱和度趋于一致。

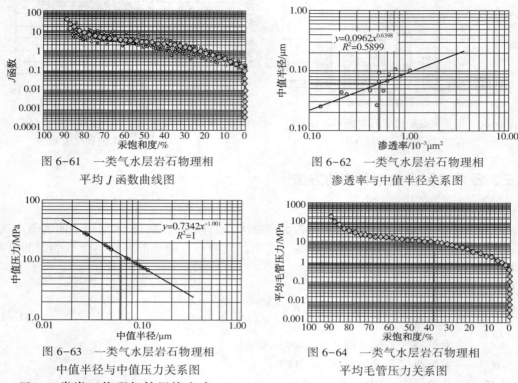

图 6-61　一类气水层岩石物理相　　　　　图 6-62　一类气水层岩石物理相
　　　平均 J 函数曲线图　　　　　　　　　渗透率与中值半径关系图

图 6-63　一类气水层岩石物理相　　　　　图 6-64　一类气水层岩石物理相
　中值半径与中值压力关系图　　　　　　　　平均毛管压力关系图

（三）二类岩石物理相储层饱和度

利用该区目的层段 5 口井 12 块二类差气层、气层岩石物理相岩样的高压压汞资料，经 J 函数换算后得到 J—S_g 关系图（图 6-65），据此拟合出一条有代表性的二类岩石物理相平均 J 函数曲线。

二类岩石物理相平均渗透率为 $0.24 \times 10^{-3} \mu m^2$，其对应的中值半径为 $0.035 \mu m$（图 6-66），中值半径 $0.035 \mu m$ 对应的中值压力为 21.02MPa（图 6-67），而中值压力 21.02MPa 对应的汞饱和度 50%（图 6-68），其含气饱和度为 50%，对应的含水饱和度为 50%，其值与岩心分析含水饱和度趋于一致。

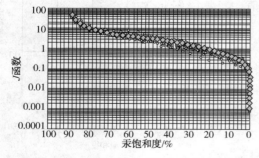

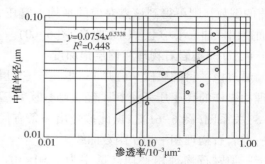

图 6-65　二类差气层、气层岩石物理相　　　图 6-66　二类差气层、气层岩石物理相
　　　平均 J 函数曲线图　　　　　　　　　渗透率与中值半径关系图

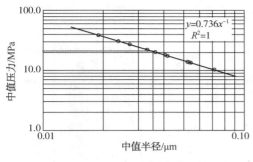

图 6-67　二类差气层、气层岩石物理相
中值半径与中值压力关系图

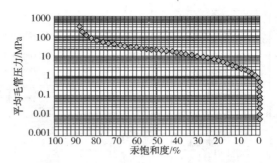

图 6-68　二类差气层、气层岩石物理相
平均毛管压力关系图

第五节　岩石物理相测井解释储层参数的检验与实际应用

利用储层取心分析资料进行参数检验，这些资料都是分析地下地质情况较为可靠的第一手资料。它们不但作为刻度测井储层参数定量计算的期望指标，而且也可以作为评价储层参数计算结果的标准。可以通过已归位岩心中选取有代表性井段，将测井储层参数计算结果与岩心分析数据进行对比，以检验和评价分析计算结果。同时，进行致密砂岩气藏岩石物理相储层参数测井解释技术与方法的实际应用效果分析与评价。

一、参数检验

利用苏里格东研究区目的层段盒 8、山 1、山 2 储层取心分析资料进行参数检验，这些资料都是分析地下地质情况较为可靠的第一手资料。它们不但作为刻度测井储层参数定量计算的期望指标，而且也可以作为评价储层参数计算结果的标准。可以通过已归位岩心中选取有代表性井段，将测井储层参数计算结果与岩心分析数据进行对比，以检验和评价分析计算结果。

利用该区 T22 井盒 8 储层取心层点，使用前述分类岩石物理相参数解释模型，分别计算孔隙度、渗透率和含气饱和度参数，并与相应井段岩心分析孔隙度、渗透率及含气饱和度相对比（图 6-69），测井计算储层参数与相应岩心分析数据趋于一致。以其相应 43 个对比层点计算平均绝对误差：孔隙度 1.27%，渗透率 $0.070 \times 10^{-3} \ \mu m^2$（其中孔隙度计算渗透率 $0.0652 \times 10^{-3} \ \mu m^2$，密度计算渗透率 $0.0745 \times 10^{-3} \ \mu m^2$，声波时差计算渗透率 $0.0704 \times 10^{-3} \ \mu m^2$），含气饱和度 7.04%；平均相对误差：孔隙度 15.37%，渗透率 30%，含气饱和度 19.44%。

图中利用密度–声波综合信息求取分类岩石物理相储层孔隙度与相应岩心分析孔隙度趋于吻合，其中一类岩石物理相 55、58 号层孔隙度分别为 10.42%、12.71%，相应岩心分析孔隙度 9.84%、12.14%；二类岩石物理相 54、56 号层孔隙度分别为 7.06%、10.90%，相应岩心分析孔隙度 6.85%、9.74%；三类岩石物理相 57 号层孔隙度为 4.50%，相应岩心分析孔隙度 4.14%。上述各类岩石物理相储层参数对比层点与相应岩心分析数值具有较好的对应关系，其对应参数的绝对误差和相对误差以孔隙度为较小，渗透率与含气饱和度居中。从而，利用分类岩石物理相计算储层参数提高致密气藏测井解释的精度和效果。

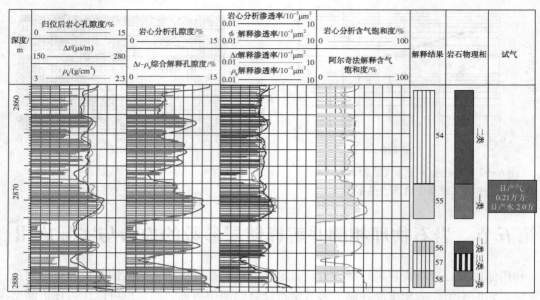

图 6-69　苏东研究区 T22 井盒 8 段测井储层参数与岩心分析值对比图

二、实际应用

（一）实用效果分析

上述致密气藏分类岩石物理相计算储层孔隙度、渗透率、含气饱和度提高了测井解释精度。通过对 T28 井盒 8 段、Z24 井山 2 段致密气藏分类岩石物理相测井解释，分别评价出一类、二类、三类岩石物理相的气层、差气层和致密干层，通过在 T28 井盒 8 段一类岩石物理相 35 号、36 号层段及 Z24 井山 1 段二类岩石物理相 62 号层段试气检验，分别日产气 $1.15 \times 10^4 \mathrm{m}^3/\mathrm{d}$、$0.42 \times 10^4 \mathrm{m}^3/\mathrm{d}$，有效地证实了分类岩石物理相测井解释的实用效果（表 6-8）。

表 6-8　苏东研究区 T28、Z24 井目的层段测井解释物性参数成果表

井号	层位	层号	深度/m	岩石物理相类型	孔隙度/%	渗透率/$10^{-3} \mu m^2$	含气饱和度/%	解释结论	试气产量/$10^4 m^3$
					声波-密度综合法	Hodges-Lehmann 法	阿尔奇法		
T28	盒8	34	2745~2749.3	二类	10.07	0.253	43.88	差气层	试气层段：2750~2754m 日产气 1.15
		35	2749.3~2751.9	一类	14.91	0.644	48.30	气层	
		36	2753~2756.5	一类	15.47	0.739	51.40	气层	
Z24	山2	60	2966.3~2967.3	三类	2.41	0.050	21.02	干层	试气层段：2970~2974m 日产气：0.42
		61	2967.8~2970	三类	2.25	0.077	24.33	干层	
		62	2970~2973.6	二类	6.02	0.204	51.64	差气层	
		63	2973.6~2981.3	三类	3.56	0.076	42.00	干层	

（二）储层参数求取方法

下面以 T28 井盒 8 段 35 号层段为例，介绍该解释模型方法的具体应用及处理过程。

1. 密度–声波时差综合信息求取孔隙度

利用表 6–3 分类岩石物理相密度–声波时差综合信息计算孔隙度模型表，查得一类岩石物理相密度–声波时差综合信息计算孔隙度模型 $\Phi_i = -25.88\rho_i + 0.15\Delta t_i + 39.59$，将 T28 井盒 8 段 35 号层段一类岩石物理相储层密度测井值 2.389g/cm^3、声波时差测井值 247.70μs/m 代入上述模型中得孔隙度值为 14.91%。

2. Hodges–Lehmann 法求取渗透率

通过该区岩石物理相分类后建立渗透率解释模型，各参数数据点的均匀程度及其反映出的线性关系已具有相对集中的趋势。因此，可以利用孔隙度、密度、声波时差、自然电位、自然伽马、光电吸收截面指数和钾、钍、铀含量及中子孔隙度等曲线计算不同类别岩石物理相储层渗透率，并根据不同类别分析方法的有利条件和不利因素，分别删除实用效果较差的计算模式进行统计求取。

实例中 T28 井盒 8 段 35 号层段评价为一类岩石物理相储层，选择实用效果较好的孔隙度、密度、声波时差、自然电位减小系数、自然伽马减小系数、伽马钾含量减小系数及伽马钍含量减小系数分别计算渗透率，并用 Hodges–Lehmann 法综合估计并确定出该层段一类岩石物理相储层渗透率。

上述测井解释确定的 7 个渗透率数值，有可能分别包含若干有利条件和不利因素，因而很难避免数值上有较大差异。具体采用 Hodges–Lehmann 方法，分别利用孔隙度、密度、声波时差、自然电位、自然伽马、钾含量及钍含量减小系数计算的 T28 井盒 8 段 35 号层段一类岩石物理相储层渗透率数值：0.9605×10^{-3}μm^2、0.8882×10^{-3}μm^2、0.4323×10^{-3}μm^2、0.9489×10^{-3}μm^2、0.6172×10^{-3}μm^2、0.4690×10^{-3}μm^2、0.4543×10^{-3}μm^2。

计算出所有二元对：

0.9605	0.9243	0.6964	0.9547	0.7888	0.7147	0.7074
	0.8882	0.6603	0.6269	0.4611	0.3870	0.3796
		0.4323	0.6906	0.5248	0.4507	0.4433
			0.9489	0.7830	0.7089	0.7016
				0.6172	0.5431	0.5357
					0.4690	0.4616
						0.4543

对 7 个渗透率数值来说，$m=7$，二元对的总数为 $m+(m-1)+\cdots+1=28$，把这些数从高到低排列出来，Hodges–Lehmann 综合估计值则为这 28 个数的两个中间数值的算术平均值，即 0.6269 与 0.6603 的算术平均值 0.6436，则 T28 井盒 8 段 35 号层段一类岩石物理相储层渗透率值为 0.6436×10^{-3}μm^2（如果二元对个数是一组奇数的数值，把数值从高到低排列，Hodges–Lehmann 综合估计值为中间数值）。

由上述 Hodges–Lehmann 法确定出的渗透率数值，可以较好地兼顾各个评估参数，减小偏离较大测量结果影响，避免个别畸变数值造成误差，从而更精确地计算出储层渗透率。

3. 阿尔奇公式求取含气饱和度

利用阿尔奇公式计算致密气藏含气饱和度，需要得到储层孔隙度、地层电阻率、地层水电阻率以及 a、b、m、n 这些参数，如式（6-17）和式（6-18）：

$$S_w = \left(\frac{abR_w}{\phi^m R_t}\right)^{\frac{1}{n}} \qquad (6-17)$$

$$S_g = 1 - S_w \qquad (6-18)$$

实用中，对于 T28 井盒 8 段 35 号层的孔隙度上述已计算得出 14.91%，选用该层段高分辨率阵列感应深电阻率测井值 20.99Ω·m（在没有高分辨率阵列感应的层段，可选用高分辨率阵列侧向深电阻率或双侧向深电阻率计算），在表 6-6 中查得 $a = 4.22$、$b = 1.24$、$m = 1.27$、$n = 2.27$ 以及地层水电阻率 0.08Ω·m，将这些参数代入上述阿尔奇公式中得该层段含水饱和度 51.7%，进而得到含气饱和度 48.3%。

（三）实例分析

图 6-70 是该区 T28 井盒 8 段致密气藏分类岩石物理相测井解释成果图，图中 34 号层二类到 35、36 号层一类岩石物理相测井响应差异明显。其中，34 号层岩屑石英砂岩溶蚀孔隙结构相为较低渗透砂层岩石物理相成因单元，储层经沉积、成岩作用物性和孔隙结构居中，测井响应参数"六较低两较高"，即自然电位较低、自然伽马较低、光电吸收截面指数较低、密度较低、中子孔隙度较低、电阻率较低和声波时差较高、井径微增大。利用分类参数模型密度–声波时差综合信息求取孔隙度 10.07%，Hodges-Lehmann 法求取渗透率 $0.253 \times 10^{-3} \mu m^2$，阿尔奇公式求取含气饱和度 43.88%，评价为二类岩石物理相渗透性较差气层。35、36 号层石英支撑强溶蚀相为较好粗粒渗砂层岩石物理相成因单元，储层经沉积、成岩作用物性和孔隙结构相对较好，测井响应参数"六低两高"，即自然电位低、自然伽马低、光电吸收截面指数低、密度低、中子孔隙度低、电阻率低和高声波时差、井径有增大。利用分类参数模型密度–声波时差综合信息分别求取孔隙度 14.91%、15.47%，Hodges-Lehmann 法分别求取渗透率 $0.644 \times 10^{-3} \mu m^2$、$0.739 \times 10^{-3} \mu m^2$，阿尔奇公式分别求取含气饱和度 48.30%、51.40%，总体评价为一类岩石物理相物性较好气层，在 2750.0~2754.0m 试气，日产气 $1.15 \times 10^4 m^3$，无水，有效地证实了岩石物理相分类测井解释致密气藏的有效性。

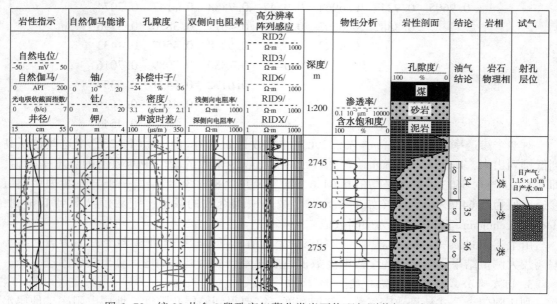

图 6-70 统 28 井盒 8 段致密气藏分类岩石物理相测井解释成果图

图6-71是该区Z24井山1段致密气藏分类岩石物理相测井解释成果图，图中60号、61号、63号与62号层分属三类与二类岩石物理相，其测井响应差异明显。其中，60号、61号层杂基微孔致密型岩石物理相储层物性和孔隙结构差，测井响应参数"五高三低"，即自然电位高、自然伽马较高、光电截面指数高、密度高、电阻率高和声波时差低、中子孔隙度低、井径较低。利用分类参数模型密度-声波时差综合信息分别求取孔隙度2.41%、2.25%，Hodges-Lehmann法分别求取渗透率$0.050×10^{-3}\mu m^2$、$0.077×10^{-3}\mu m^2$，阿尔奇公式分别求取含气饱和度21.02%、24.33%，评价划分为三类岩石物理相致密干层。62号层岩屑石英砂岩溶蚀孔隙结构相为较低渗透砂层岩石物理相成因单元，储层物性和孔隙结构趋于中等，测井响应参数"六较低两较高"。利用分类参数模型密度-声波时差综合信息求取孔隙度6.02%，Hodges-Lehmann法求取渗透率$0.204×10^{-3}\mu m^2$，阿尔奇公式求取含气饱和度51.64%，评价划分为二类岩石物理相较差气层。63号层亦为杂基微孔致密型岩石物理相储层，其物性和孔隙结构差，测井响应参数"五高三低"。利用分类参数模型密度-声波时差综合信息求取孔隙度3.56%，Hodges-Lehmann法求取渗透率$0.076×10^{-3}\mu m^2$，阿尔奇公式求取含气饱和度42.0%，评价划分为三类岩石物理相致密干层。在2970.0~2974.0m的62号较差气层段试气，日产气$0.42×10^4 m^3$，无水，同样有效地证实了岩石物理相分类测井解释致密气藏的有效性。

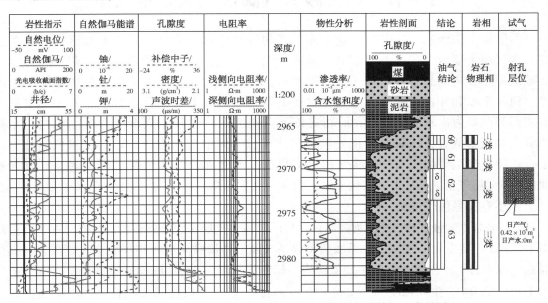

图6-71　召24井山1段致密气藏分类岩石物理相测井解释成果图

第七章 致密砂岩气藏含气层识别与评价技术

天然气和地层水是储藏在致密气藏储层孔隙空间的流体矿物，利用测井资料找气，实质上就是寻找饱和在储层岩石孔隙空间的天然气，气层的含气饱和度是测井资料找气的地质依据，而天然气的物理性质差异又是测井找气的物理基础。因此，本章利用不同岩石物理相测井、岩心、试气及气测全烃资料，进行储层含气性、物性和电性关系分析，基于岩石物理相分类建立了研究区致密储层含气层下限与评价标准。通过分别对比分析以残余气饱和度和剩余可动气饱和度参数影响的含气层下限与评价标准的特征，阐明了不同类别岩石物理相含气层评价标准及其下限的差异。从而有效利用不同类型含气层剩余可动气饱和度变化的测井响应建立评价标准，准确表达不同类别岩石物理相含气层厚度参数变化及其差异，为评价划分致密储层及含气层厚度提供了有效方法。

第一节 致密砂岩气藏含气层分布规律

苏里格东区地处鄂尔多斯盆地中东部三角洲平原储层物性相对较差地区，气源条件好，含气层主要以气层、差气层和气显示层为主，气水层和水层所占比例很小。可以从区域沉积相和构造关系分析其气水分布关系，以近南北向河流三角洲沉积体系看，主河道、河漫平原和冲击扇北端靠近物源区，其储层物性较好部位含水普遍，其中苏里格气田北部和西部为出水明显区域，而相对该苏东研究区物性较差则普遍含气。以构造东高西低、北高南低看，该研究区正处盆地主体部位，即中东部构造高地的相对低洼处，处于三角洲平原生气强度大的天然气相对富集区。而北部及西部边缘水层较多，且有天然泄露区(天然气苗)。因此，该区盒8、山1、山2普遍含气，储层很少有水层和气水层，且至今还有较强供烃能力。

该区较强生烃强度和供烃能力控制该区目的层段含气层宏观分布格局，区内上古生界盒8、山1、山2主要发育石炭—二叠系腐殖型煤系气源岩和偏腐泥型海相碳酸盐岩气源岩，其中煤系气源岩为上古生界气藏的主要气源岩。暗色泥岩厚为 $30\sim80m$，煤层厚为 $6\sim12m$，R_o 值为 $1.4\%\sim2.0\%$，生烃强度 $(12\sim28)\times10^8m^3/km^2$，表现为广覆式生烃特征，生烃强度大于 $14\times10^8m^3/km^2$ 的区域占区块总面积的 80% 以上。

苏里格气田储层成岩演化史和成藏史研究表明，气藏的天然气充注时间主要为晚侏罗世—早白垩世，此时储层中水岩作用已相对较弱，砂岩孔隙度降至 10% 以下，储层已经致密化，可动水较少。静水环境中天然气在浮力作用下克服毛细管阻力运移需要最小的连续气柱高度达 $68\sim148m$，天然气呈连续相运移需要的临界气柱高度远大于砂岩的单层厚度。在区域地层平缓的构造背景下，天然气难以沿构造上倾方向进行大规模运移。同时勘探实践、成藏物理模拟实验、天然气地球化学特征等也同样反映出该区天然气主要为近距离运移聚集成藏。

在近距离运移聚集模式的控制下，生烃强度大的地区，可以源源不断地获得气源供给，维持天然气的运聚动平衡，易于天然气富集和大气田形成。从苏里格气田上古生界生烃强度与气、水分布关系来看（图 7-1），出水井点主要分布在生气强度小于 $16×10^8 m^3/km^2$ 的西部和北部地区。

因此，该区苏里格东研究区处于生烃强度大、气源条件较好的地区，含气层主要以气层、差气层、气显示层为主，气水层和水层所占比例很小，表明该区生烃强度有效地控制着含气层分布宏观格局。

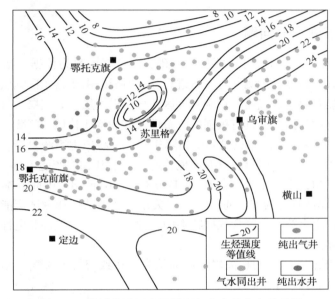

图 7-1　苏里格地区生烃强度与产水井分布关系图

通过该区盒 8 上、盒 8 下、山 1 和山 2 储层试气产能资料统计，该区致密气藏储层普遍含气，分布也颇有规律。根据该区目的层段 83 口井 139 个试气层段产量统计，气层 94 个（气层 73 个，差气层 21 个），占 67.63%；气显示层 13 层，占 9.35%；气水层 22 层（气水层 12 个，差气水层 10 个），占 15.83%；水层 8 层，占 5.76%；干层 2 层，占 1.44%，也就是说该区含气层（气层、气显示层和气水层）占整个试气层段 92.81%（不含气的纯干层和水层占 7.19%），反映出该区致密气藏储层普遍含气特征。

特别是对于该区低孔、低渗、低压、低饱和度、低丰度的大型岩性气藏，明显有别于气田北部和西部层间水及滞留地层水物性较好部位出水特征。对于该类储层，天然气形成聚集并富集在相对高渗透砂岩储层中，高渗砂岩储层天然气充注起始压力低，运移阻力小，气容易驱替水而形成气层。而渗透性较差的储层天然气充注起始压力高，运移阻力大，气难以进入而形成气显示层、干层或气水层。特别是该区气源岩生气期偏早，主生气期持续时间长且距今时间较长，天然气散失量大，仍属于低效气源灶，后期气源供应不充足。从而在储层非均质条件下，气藏内部的分异性十分明显。非均质性控制下的差异充注成藏造成天然气主要富集于相对高孔、高渗一类岩石物理相砂岩储层中，差气层、气显示层多分布在物性较为致密的二、三类岩石物理相砂岩储层中。

第二节　致密砂岩气藏含气层识别的基本分析方法

油气储量规范中有效厚度定义为"工业(油)气流井中对产能有贡献的储集层厚度"。显然，划分有效厚度必须具备两个条件：首先气层具有一定的储气能力，即具备一定的孔隙度与饱和度；其次，在现有技术经济条件下能提供工业气流，也即具备一定的渗流能力，有效厚度本身含有地质、技术与经济三重因素，划定气层有效厚度关键是确定气层有效厚度下限。

一、含气层下限划分问题

有效厚度下限的确定以岩心分析资料为基础，以试气资料为依据，结合目前开采工艺实际，利用地质、录井、地球物理测井等资料进行综合研究。由于苏东区气层自然产能极低，一般需经压裂改造才能获得工业气流。特别是该区含气层以气层、差气层、气显示层为主，气藏形成主要受岩性、物性的控制，具有很强的隐蔽性及其非均质特征。气藏主要为低压气藏，压力系数为 0.80~0.95，受泥岩及致密砂岩的封隔作用，气藏压力系统复杂，具平面分块、纵向分层特点。该气藏边、底水不明显，气井产能普遍较低，其气层产能可达 $1 \times 10^4 \mathrm{m}^3/\mathrm{d}$，差气层产能 $(1~0.1) \times 10^4 \mathrm{m}^3/\mathrm{d}$，气显示层产能在 $(0.1~0.01) \times 10^4 \mathrm{m}^3/\mathrm{d}$。因此，本区以含气层(气层、差气层、气显示层)厚度划分为准。通过"四性"关系、孔隙结构和测试产能研究，结合测井系列优化评价，综合制定出符合本区含气层特点的岩性、物性、含气性和电性的下限标准及其相对于致密干层的差异标准。

根据测井理论和地下储层的相关岩电特征认为，在致密气藏含气层厚度划分方面，使用下限厚度图版要考虑两个方面问题：

（1）对于地下的储集层，其地层电阻率的高低不仅仅只取决于地层含气饱和度，它还与地层水电阻率、地层孔隙度有很大的关系，按照图版把某一个地层电阻率值作为含气层厚度划分的起算标准进行有效厚度划分，势必将某些低孔隙度的致密层和地层水为低矿化度的高阻层误判为气层，而将某些高孔隙度的低阻气层和地层水为高矿化度的低阻气层误判为水层或干层。

（2）储层自然电位幅度差的大小也不仅仅取决于储层的渗透性，严格认为，它与储层的渗透性并无直接的关系，而主要取决于相同温度下地层水矿化度与泥浆滤液矿化度的比值大小。在有效厚度图版中，一般将解释目的层的自然电位幅度差与该井自然电位最大幅度差进行比值计算，选定一个自然电位比值作为有效厚度的起算标准进行有效厚度的划分。显然，这种划分方法的理论基础是建立在：

① 钻井时全井段泥浆性能稳定，各储集层被相同矿化度的泥浆滤液所浸泡；

② 各储集层具有相同矿化度的地层水液。

对于实际气藏而言，上述两个基础均不稳定，如当钻井时发生某些非正常钻井事故时(如井漏、掉落物等)，第一条基础极易破坏；当构成储层的岩矿成分相差较大时(物源不同、沉积相带不同)，以及成藏后期储层再遭受某种破坏时(如地表水的淋滤作用和上覆油藏注入水的淋滤作用)，第二条基础也将遭受破坏。当上述两条基础中的任意一条遭受破坏时，使用自然电位比值法划分有效厚度均可能造成油层的误判或漏判。在以往含气层厚度划分时，将自然电位幅差出现正异常的气层误判为干层的现象屡见不鲜。

尤其对于致密气储层含气层段气体最大渗透力及其"无孔不入"的特点，反映出在致密储层划分含气层不仅利用电阻率、自然电位等传统测井方法技术，特别要分析密度、声波时差及中子孔隙度等最为敏感的含气信息，以便更为准确地建立不同岩石物理相含气层(甜点)评价标准。

二、含气层识别基本方法原理

天然气和地层水是储藏在致密气藏储层孔隙空间的流体矿物，利用测井资料找气，实质上就是寻找饱和在储层岩石孔隙空间的天然气，气层的含气饱和度是测井资料找气的地质依据，而天然气的物理性质差异又是测井找气的物理基础。

以下我们以识别气层最为敏感的密度、声波时差以及中子孔隙度为例，分别识别确定气层的基本方法。

钻井泥浆水未侵入气层前储层保持原始状态，原始气饱和度包括残余气饱和度与可动气饱和度两部分。钻井泥浆水侵入气层以后，气层原始状态受到破坏，一部分可动气被泥浆赶走，在侵入带只留下剩余气。剩余气饱和度也包括残余气饱和度与剩余可动气饱和度两部分。以密度、声波时差、中子孔隙度而言，残余气饱和度可以作为确定气层体积密度、声波时差与含氢指数下限值。

一般而言，密度、声波、中子测井径向探测深度都很浅，在有钻井泥浆水侵入的气层中，它们只能探测到气层侵入带剩余的天然气，如果剩余气饱和度大于残余气饱和度，即可认为储层为气层。实际上在运用密度、声波、中子测井找气工作中气层体积密度、声波时差及含氢指数的下限值是根据残余气饱和度确定的，只要储层体积密度、含氢指数及声波时差分别小于气层体积密度、含氢指数下限及大于声波时差下限值，即可认为储层是气层。

(一) 岩石和孔隙流体物质平衡方程

根据气层岩石体积模型，分别获得岩石和孔隙流体的物质平衡方程。

岩石物质平衡方程：

$$\phi + V_{sh} + \sum_{i=1}^{n} V_{mi} = 1 \qquad (7-1)$$

式中　ϕ——孔隙度；

$\quad V_{sh}$——泥质含量；

$\quad V_m$——骨架含量；

$\quad i$——矿物个数。

孔隙流体物质平衡方程：

$$S_g + S_w = 1 \qquad (7-2)$$

(二) 钻井泥浆液未侵入原状地层

在钻井泥浆液未侵入原状地层，含气饱和度与含水饱和度相加为1($S_g+S_w=1$)，原状地层的孔隙流体物质是平衡的。其中，含气饱和度包括残余气饱和度与可动气饱和度两部分：

$$S_g = S_{gr} + S_{gm} \qquad (7-3)$$

式中　S_g——原始含气饱和度；

$\quad S_{gr}$——残余气饱和度；

$\quad S_{gm}$——可动气饱和度。

残余气饱和度 S_{gr} 是不可动的，它通常作为确定气层体积密度、声波时差及含氢指数下限值。

原状地层含水饱和度 S_w 是原生的地层水饱和度，该区除极少数非均质造成层间水或局部滞留水外，绝大多数气层的含水饱和度是束缚水饱和度 S_{wi}。

（三）钻井泥浆液侵入带地层

在有钻井泥浆液侵入带地层，它的含气饱和度是指剩余气饱和度，它同样包括残余气饱和度和剩余可动气饱和度两部分：

$$S_{gx} = S_{gr} + S_{gma} \tag{7-4}$$

式中　　S_{gx}——剩余气饱和度；

　　　　S_{gma}——剩余可动气饱和度。

剩余可动气是指侵入带未被泥浆水驱赶走的可动气。通常密度、声波、中子测井是探测气层侵入带的剩余气饱和度变化。其中，残余气饱和度作为确定气层下限值，只要测量的剩余气饱和度大于残余气饱和度（$S_{gx} > S_{gr}$），储层识别指示为气层。这就是应用气层下限值识别含气层的基本法则（表7-1）。

表7-1　气层下限值识别含气层基本模式

钻井泥浆液	泥浆未侵入	泥浆侵入后
模式	$S_g + S_w = 1$	$S_{gx} + S_{wf} = 1$
	$S_{gr} + S_{gm} + S_w = 1$	$S_{gr} + S_{gma} + S_{wf} = 1$
描述	残余气为下限，可动气为含气层探测对象	残余气为下限，可动剩余气为含气层探测对象

侵入带地层的含水饱和度包括原生地层水饱和度和侵入的泥浆水饱和度两部分。在钻井过程中，气层有泥浆水侵入，表明气层为渗砂层，它是气层具有生产能力的标志。

三、含气层识别的基本计算模式及标准

以下仍以识别气层最为敏感的密度、声波时差及中子孔隙度测井为例。

（一）密度测井解释气层标准

根据气层岩石体积模型，气层的密度响应参数由气层孔隙度（ϕ）、泥质含量（V_{sh}）、骨架含量（V_m）、残余气饱和度（S_{gr}）几部分组成，可以建立气层体积密度下限值的计算模式：

$$\rho_e = \phi\rho_w + V_{sh}\rho_{sh} + \sum_{i=1}^{n} V_{mi} \cdot \rho_{mi} - \phi S_{gr}(\rho_w - \rho_g) \tag{7-5}$$

式中　　　　ρ_e——气层体积密度下限值，g/cm^3；

ρ_w、ρ_g、ρ_{sh}、ρ_m——水、天然气、泥质及骨架密度，g/cm^3。

从测井数据处理成果图中可以得到孔隙度、泥质含量及骨架含量，只要给定残余气饱和度，便可以确定气层体积密度下限值，作为密度测井解释气层标准。

（二）声波测井解释气层标准

根据气层岩石体积模型，可以建立气层声波时差下限值的计算模式：

$$\Delta t_e = \phi\Delta t_w + V_{sh}\Delta t_{sh} + \sum_{i=1}^{n} V_{mi} \cdot \Delta t_{mi} - \phi S_{gr}(\Delta t_w - \Delta t_g) \tag{7-6}$$

式中　　　　　　　Δt_e——气层声波时差下限值，$\mu s/m$；

Δt_w、Δt_g、Δt_{sh}、Δt_m——水、天然气、泥质及骨架声波时差，$\mu s/m$。

从测井解释中可以得到孔隙度、泥质含量、骨架含量及残余气饱和度，便可以确定气层声波时差下限值，作为声波时差测井解释气层标准。

（三）中子孔隙度测井解释气层标准

同样，利用岩石体积模型，可以建立气层含氢指数下限值的计算模式：

$$H_e = \phi H_w + V_{sh}H_{sh} + \sum_{i=1}^{n} V_{mi} \cdot H_{mi} - \phi S_{gr}(H_w - H_g) \tag{7-7}$$

式中　　　　　　　H_e——气层体积密度下限值；

H_w、H_g、H_{sh}、H_m——水、天然气、泥质及骨架含氢指数。

类似地，可以从测井解释中得到孔隙度、泥质含量、骨架含量及残余气饱和度，便可以确定气层含氢指数下限值，作为中子测井解释气层标准。

中子测井存在的"挖掘效应"，指探测仪器范围的天然气使中子减速能力降低，引起地层含氢指数减小。

"挖掘效应"校正大小主要取决于孔隙度和含气饱和度，在确定地层含氢指数下限时，考虑到残余气饱和度很低，天然气"挖掘效应"影响很小，故未引入"挖掘效应"校正。

四、测井曲线划分含气层方法准则

密度、声波、中子测井是致密气评价中十分有效的方法，它不受地层各向异性影响，使用测井读数与气层下限值直接比较，可以直观指示致密砂岩含气层段，并且能够排出岩性引起的多解性，提高致密气藏含气层评价精度。

（一）致密气藏密度测井指示含气层准则

含气层密度测井响应读数的数学表达式：

$$\rho_b = \phi\rho_w + V_{sh}\rho_{sh} + \sum_{i=1}^{n} V_{mi} \cdot \rho_{mi} - \phi S_{gx}(\rho_w - \rho_g) \tag{7-8}$$

式中　　ρ_b——含气层测井响应体积密度，g/cm^3。

由于密度测井径向探测深度浅，在有泥浆水侵入的含气层中，它可以探测到泥浆侵入带的剩余天然气。而饱和在地层岩石中孔隙空间中的天然气，引起密度测井值减小。含气层密度测井响应读数小于含气层密度下限值，直观指示为含气层。有：

$$\rho_b - \rho_e = -\phi(S_{gx} - S_{gr})(\rho_w - \rho_g) < 0 \tag{7-9}$$

即 $S_{gx} > S_{gr}$，$\rho_b < \rho_e$ 为含气层。

这就是密度测井直观指示含气层准则。

（二）致密气藏声波测井指示含气层准则

含气层声波时差响应读数的数学表达式：

$$\Delta t = \phi\Delta t_w + V_{sh}\Delta t_{sh} + \sum_{i=1}^{n} V_{mi} \cdot \Delta t_{mi} - \phi S_{gx}(\Delta t_w - \Delta t_g) \tag{7-10}$$

式中　　Δt——含气层测井响应声波时差，$\mu s/m$。

由于声波时差测井径向探测也较浅，在有泥浆水侵入的含气层，它亦可探测到泥浆侵入带的剩余天然气。而饱和在地层岩石中孔隙空间中的天然气，引起声波时差测井值增大。含气层声波时差测井响应读数大于含气层声波时差下限值，直观指示为含气层。有：

$$\Delta t - \Delta t_e = -\phi(S_{gx} - S_{gr})(\Delta t_w - \Delta t_g) > 0 \tag{7-11}$$

即 $S_{gx} > S_{gr}$，$\Delta t > \Delta t_e$ 为含气层。

这就是声波时差测井直观指示含气层准则。

（三）致密气藏中子测井指示含气层准则

中子测井读数是地层含氢指数。但是在中子测井图上其读数是用地层中子孔隙度表示的，地层含氢指数与中子孔隙度之间转换关系为：

$$H_b = \phi_N H_w + (1 - \phi_N) H_m \tag{7-12}$$

式中 H_b——地层含氢指数；

ϕ_N——地层中子孔隙度。

在石灰岩地层中，石灰岩骨架含氢指数为零和淡水含氢指数为1，其地层含氢指数等于地层中子孔隙度。然而在砂岩地层中，地层含氢指数小于地层中子孔隙度，要把砂岩地层中子孔隙度转换成砂岩地层含氢指数，然后，根据中子测井响应方程写出地层含氢指数数学表达式：

$$H_b = \phi H_w + V_{sh} H_{sh} + \sum_{i=1}^{n} V_{mi} H_{mi} - \Delta H_{gx} - \phi S_{gx}(H_w - H_g) \tag{7-13}$$

式中 ΔH_{gx}——中子"挖掘效应"。

同样，中子测井径向探测深度也很浅，在有泥浆水侵入的气层中只能探测侵入带的剩余天然气。而饱和在地层岩石孔隙中的天然气引起中子测井读数减小。含气层含氢指数测井响应读数小于含气层含烃指数下限值，直观指示为含气层。有：

$$H_b - H_e = -\phi(S_{gx} - S_{gr})(H_w - H_g) - \Delta H_{gx} < 0 \tag{7-14}$$

即 $S_{gx} > S_{gr}$，$H_b < H_e$ 为含气层。

由于含气层侵入带剩余气饱和度高于残余气饱和度，存在着中子"挖掘效应"影响，使含气层含氢指数测井响应读数更加小于含氢指数下限值，它也是中子孔隙度识别致密气藏含气层标志（表7-2）。

表7-2 密度、声波、中子测井评价划分含气层方法准则

测井方法	密度	声波时差	中子孔隙度
含气层下限（方程式）	$\rho_e = \phi\rho_w + V_{sh}\rho_{sh} + \sum_{i=1}^{n} V_{mi} \cdot \rho_{mi} - \phi S_{gr}(\rho_w - \rho_g)$	$\Delta t_e = \phi\Delta t_w + V_{sh}\Delta t_{sh} + \sum_{i=1}^{n} V_{mi} \cdot \Delta t_{mi} - \phi S_{gr}(\Delta t_w - \Delta t_g)$	$H_e = \phi H_w + V_{sh}H_{sh} + \sum_{i=1}^{n} V_{mi} \cdot H_{mi} - \phi S_{gr}(H_w - H_g)$
含气层响应（方程式）	$\rho_b = \phi\rho_w + V_{sh}\rho_{sh} + \sum_{i=1}^{n} V_{mi} \cdot \rho_{mi} - \phi S_{gx}(\rho_w - \rho_g)$	$\Delta t = \phi\Delta t_w + V_{sh}\Delta t_{sh} + \sum_{i=1}^{n} V_{mi} \cdot \Delta t_{mi} - \phi S_{gx}(\Delta t_w - \Delta t_g)$	$H_b = \phi H_w + V_{sh}H_{sh} + \sum_{i=1}^{n} V_{mi}H_{mi} - \Delta H_{gx} - \phi S_{gx}(H_w - H_g)$
含气层评价准则（关系式）	$\rho_b - \rho_e = -\phi(S_{gx}-S_{gr})(\rho_w-\rho_g)<0$ $S_{gx}>S_{gr}$，$\rho_b<\rho_e$	$\Delta t - \Delta t_e = -\phi(S_{gx}-S_{gr})(\Delta t_w-\Delta t_g)>0$ $S_{gx}>S_{gr}$，$\Delta t>\Delta t_e$	$H_b - H_e = -\phi(S_{gx}-S_{gr})(H_w-H_g)-\Delta H_{gx}<0$ $S_{gx}>S_{gr}$，$H_b<H_e$

五、气藏含气层下限

实际应用中，采用上述致密气藏含气层识别的基本理论和分析方法，利用试气产量和测井系列优化评价研究结果，分析致密气藏含气层（气层、气显示层、气水同层）评价下限（表

126

7-3)，进而分析致密气藏含气层评价标准及其相对于致密干层曲线差异标准，评价划分不同类别致密气藏气层、气显示层及气水层，筛选新增含气层段及潜力区域。

表7-3　致密气藏不同岩石物理相含气层下限值(苏里格东区)

含气层类别	岩石物理相类别	物性下限				测井曲线下限										岩性下限	含气层起算下限/m	夹层扣除下限/m
		孔隙度/%	渗透率/10^{-3}μm²	含气饱和度/%	密度/(g/cm³)	声波时差/(μs/m)	中子孔隙度/%	自然电位减小系数	自然伽马减小系数	钾含量减小系数	钍含量减小系数	铀含量减小系数	光电吸收截面指数减小系数	井径减小值/cm	电阻率/Ω·m			
气层	一类	≥7	≥0.18	≥38	<2.52	>225	5~15	>0.40	>0.78	>0.62	>0.82	>0.75	>0.50	>-9.955	>20	中砂岩	0.4	0.2
气层	二类	≥4	≥0.10	≥34	<2.55	>223	5~21	>0.32	>0.75	>0.60	>0.79	>0.73	>0.45	>-9.026	>17	中砂岩	0.4	0.2
气显示层	三类	≥2	≥0.02	≥30	<2.60	>215	9~19	>0.27	>0.69	>0.46	>0.82	>0.71	>0.51	>-5.811	>19	中砂岩	0.4	0.2
气水同层	一类	≥8	≥0.30	≥30	<2.57	>216	5~15	>0.47	>0.72	>0.60	>0.81	>0.80	>0.45	>-5.316	>7	中砂岩	0.4	0.2

第三节　致密砂岩气藏含气层评价标准

通过上述含气层识别方法和下限研究，该区致密气藏含气层识别和评价标准采用多种方法标定，首先利用苏东地区目的层段气藏试气段有取心的井，统计分析其岩性及其含气性资料，确定该区目的层段含气层岩性下限标准为中砂岩级。再通过岩石物性分析、试气、试采资料和测井资料，进行储层含气性与物性及其测井曲线关系分析，确定含气层的孔隙度、渗透率、含气饱和度、密度、声波时差、中子孔隙度、自然电位、自然伽马、钾、钍、铀含量、光电吸收截面指数、井径、电阻率及全烃评价标准及其与致密层曲线差异标准，使用目的层点参数值与标准值相比较，直观指示和筛选致密气藏含气层段及潜力层段。

一、含气层岩性评价标准

岩心是认识地下油气层最直接的静态资料，储层岩性、物性、电性以及含气性在岩心上均有一定的内在联系。储层岩石颗粒粗、物性好，测井响应曲线差异大，气层储气能力强，产气能力高；反之，则储气能力差，产气能力低。

该区目的层段盒8上、盒8下、山1、山2等曲流河和辫状河三角洲平原沉积环境，沉积了一套中粗粒和粗中粒碎屑岩储层，储集砂体以泥质杂基含量高为特征，其中以中粗粒石英砂岩、岩屑石英砂岩和岩屑砂岩三种岩石类型为主。砂岩储层碎屑成分以石英碎屑为主，占75%~85%，其次为岩屑占20%~25%。砂岩储层结构类型以杂基-胶结物混合填隙为主，含量在15%左右。该区砂岩以中粗粒结构为主，主要粒径在0.25~1.0mm，其中粗粒级(0.5~1.0mm)占颗粒粒级的38.7%，中粒级(0.25~0.5mm)占颗粒粒级的41.77%，细砂级只占整个粒级的10.44%，泥质杂基含量低于10%。考虑到该区储层岩性以粗粒级和中粒级平均各占40%左右，以这两个粒级的具体分布和含泥质高低，储层砂岩以中粗粒或粗中粒砂岩为主，仅有个别细中粒或中细粒泥质砂岩。通过该区83口井试气结果统计，试气产气达工业气流标准的储层岩性均为中粗粒或粗中粒砂岩，因此，确定该区气层、差气层的岩性下限中粒砂岩级。

二、含气层物性评价标准

经验统计法是以岩心分析渗透率和孔隙度资料为基础，结合试气产能、储能丢失的一种累计频率统计法。具体在该区目的层段制作渗透率、孔隙度频率分布图，依据该区致密气藏实际储层特征，在该区允许累计产能、储能丢失在5%为标准确定渗透率、孔隙度下限。

图7-2、图7-3是该区目的层段盒8上、盒8下、山1、山2储层一类岩石物理相渗透率、孔隙度频率分布图，在图7-2中储层一类岩石物理相渗透率下限取$0.18\times10^{-3}\mu m^2$，渗透率累计频率损失10.0%，基于取样长度一致概念，储层厚度损失10.0%，但累计产能丢失仅4.0%。在图7-3中储层一类岩石物理相孔隙度下限取7.0%，孔隙度累积频率损失5.0%，而累计产能丢失仅2.5%。特别是该区渗透率大于$0.18\times10^{-3}\mu m^2$，孔隙度大于7.0%储层产能、储层丢失迅速上升，因而一类岩石物理相渗透率下限取$0.18\times10^{-3}\mu m^2$、孔隙度下限取7.0%符合该区致密气藏地质特点。

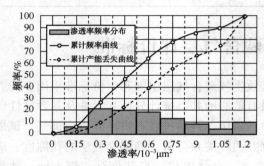

图7-2 盒8、山1、山2储层一类
岩石物理相渗透率频率分布图

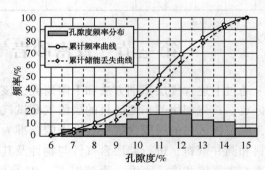

图7-3 盒8、山1、山2储层一类
岩石物理相孔隙度频率分布图

图7-4、图7-5是该区目的层段盒8上、盒8下、山1、山2储层二类岩石物理相渗透率、孔隙度频率分布图，在图7-4中储层二类岩石物理相渗透率下限取$0.10\times10^{-3}\mu m^2$，渗透率累计频率损失8.2%，累计产能丢失仅2.0%。在图7-5中储层二类岩石物理相孔隙度下限取4.0%，孔隙度累计频率损失1.6%，而累计产层丢失仅0.8%。特别是渗透率大于$0.10\times10^{-3}\mu m^2$、孔隙度大于4%，储层渗透能力、储集能力迅速上升，因而二类岩石物理相渗透率下限取$0.10\times10^{-3}\mu m^2$、孔隙度下限取4%符合该区致密气藏二类岩石物理相地质特点。

三类岩石物理相渗透率下限取$0.02\times10^{-3}\mu m^2$、孔隙度下限取2%也与该区致密气藏三类岩石物理相地质特点相吻合。

三、含气层测井曲线(电性)评价标准

测井曲线含气层评价标准采用试气层对应的测井数据标定，分别对一类、二类、三类岩石物理相进行储层含气性与测井参数关系分析，确定不同类别岩石物理相含气层密度与自然电位、自然伽马及伽马能谱钾、钍、铀含量、光电吸收截面指数、井径、声波时差、中子孔隙度、电阻率评价标准。

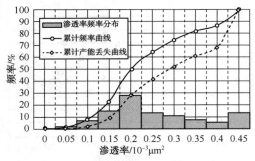

图 7-4　盒 8、山 1、山 2 储层二类
岩石物理相渗透率频率分布图

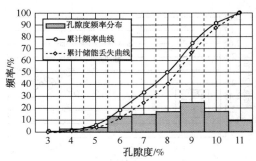

图 7-5　盒 8、山 1、山 2 储层二类
岩石物理相孔隙度频率分布图

测井系列在该区目的层段划分含气层段的最佳系列是密度、声波时差、自然电位、伽马能谱钾、钍含量等，它们对于致密气藏砂岩储层相对于致密干层的评价解释为致密气藏提供了最为敏感及有效的含气信息。因此，本书选用密度测井为基准，使用两两对应交会方法，分门别类建立测井曲线评价标准。

（一）气层测井曲线评价标准

通过该区 83 口井 140 余个试气产量和测井资料，确定出目的层段 94 个试气气层密度（ρ_b）与声波时差（Δt）、中子孔隙度（ϕ_N）、自然电位、钾、钍、铀、自然伽马、光电吸收截面指数（P_e）减小系数及电阻率（R_t）关系图（图 7-6~图 7-14），确定出目的层段气层测井评价标准（含气层测井响应范围和平均值）。

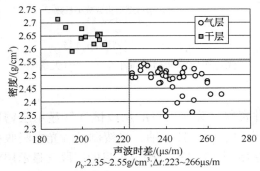

ρ_b:2.35~2.55g/cm³；Δt:223~266μs/m

图 7-6　气层密度（ρ_b）与
声波时差（Δt）关系图

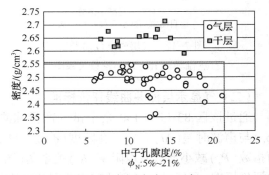

ϕ_N:5%~21%

图 7-7　气层密度（ρ_b）与
中子孔隙度（ϕ_N）关系图

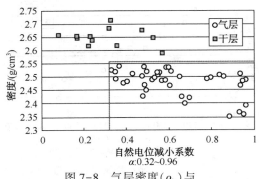

α:0.32~0.96

图 7-8　气层密度（ρ_b）与
自然电位减小系数（α）关系图

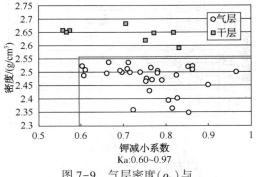

Ka:0.60~0.97

图 7-9　气层密度（ρ_b）与
钾（K）减小系数关系图

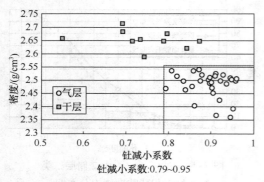

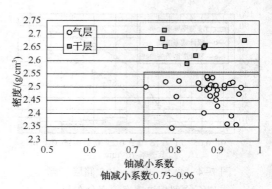

图 7-10　气层密度(ρ_b)与

钍(Th)减小系数关系图

图 7-11　气层密度(ρ_b)与

铀(U)减小系数关系图

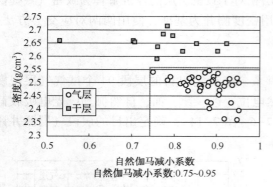

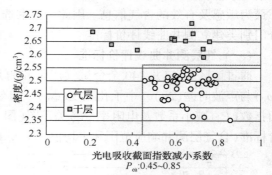

图 7-12　气层密度(ρ_b)与

自然伽马(GR1)减小系数关系图

图 7-13　气层密度(ρ_b)与

光电吸收截面指数减小系数(P_{ea})关系图

(二)气显示层测井曲线评价标准

通过该区 83 口井 140 余个试气产量和测井资料,确定出目的层段试气气显示层密度(ρ_b)与声波时差(Δt)、中子孔隙度(ϕ_N)、自然电位、钾、钍、铀、自然伽马、光电吸收截面指数(P_e)减小系数及电阻率(R_t)关系图(图 7-15~图 7-23),确定出目的层段气显示层测井评价标准(含气显示层测井响应范围和平均值)。

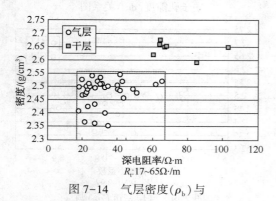

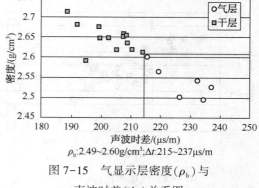

图 7-14　气层密度(ρ_b)与

深电阻率(R_t)关系图

图 7-15　气显示层密度(ρ_b)与

声波时差(Δt)关系图

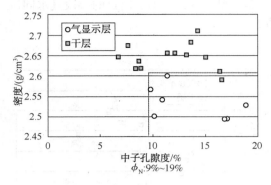

图 7-16　气显示层密度(ρ_b)与
中子孔隙度(ϕ_N)关系图

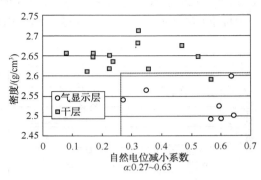

图 7-17　气显示层密度(ρ_b)与
自然电位减小系数(α)关系图

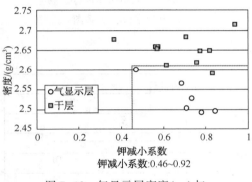

图 7-18　气显示层密度(ρ_b)与
钾(K)减小系数关系图

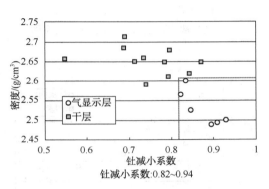

图 7-19　气显示层密度(ρ_b)与
钍(Th)减小系数关系图

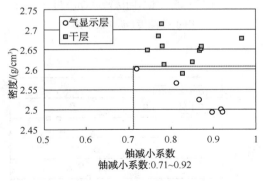

图 7-20　气显示层密度(ρ_b)与
铀(U)减小系数关系图

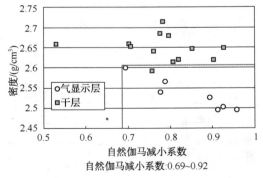

图 7-21　气显示层密度(ρ_b)与
自然伽马(GR1)减小系数关系图

（三）气水同层测井曲线评价标准

通过该区 83 口井 140 余个试气产量和测井资料，确定出目的层段试气气水同层密度（ρ_b）与声波时差（Δt）、中子孔隙度（ϕ_N）、自然电位、钾、钍、铀、自然伽马、光电吸收截面指数(P_e)减小系数及电阻率(R_t)关系图(图7-24~图7-32),确定出目的层段气水同层测井评价标准(含气水同层测井响应范围和平均值)。

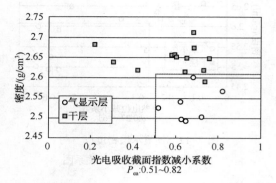

图7-22 气显示层密度(ρ_b)与
光电吸收截面指数减小系数(P_{ea})关系图

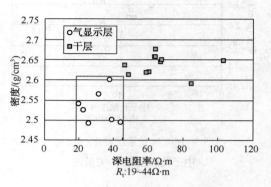

图7-23 气显示层密度(ρ_b)与
深电阻率(R_t)关系图

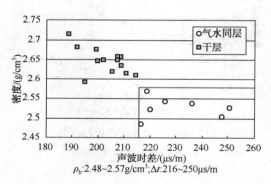

图7-24 气水同层密度(ρ_b)与
声波时差(Δt)关系图

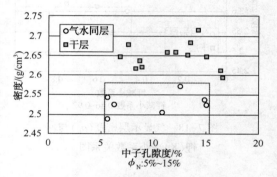

图7-25 气水同层密度(ρ_b)与
中子孔隙度(ϕ_N)关系图

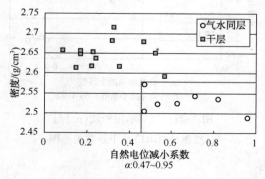

图7-26 气水同层密度(ρ_b)与
自然电位减小系数(α)关系图

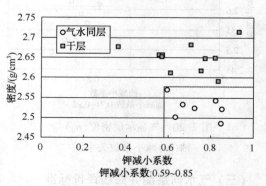

图7-27 气水同层密度(ρ_b)与
钾(K)减小系数关系图

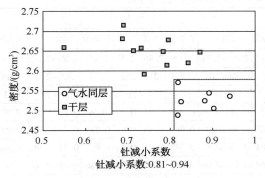

钍减小系数: 0.81~0.94

图 7-28　气水同层密度 (ρ_b) 与
钍 (Th) 减小系数关系图

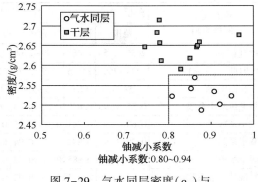

铀减小系数: 0.80~0.94

图 7-29　气水同层密度 (ρ_b) 与
铀 (U) 减小系数关系图

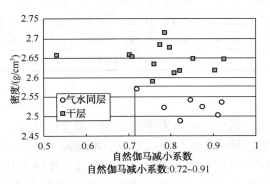

自然伽马减小系数: 0.72~0.91

图 7-30　气水同层密度 (ρ_b) 与
自然伽马 (GR1) 减小系数关系图

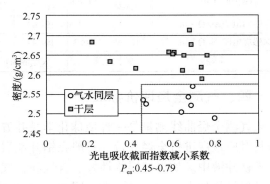

P_{ea}: 0.45~0.79

图 7-31　气水同层密度 (ρ_b) 与
光电吸收截面指数减小系数 (P_{ea}) 关系图

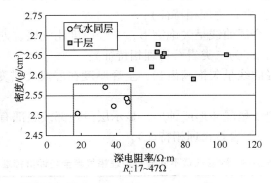

R_t: 17~47Ω

图 7-32　气水同层密度 (ρ_b) 与深电阻率 (R_t) 关系图

（四）致密气藏含气层测井曲线评价标准

在致密气藏含气层评价中，一类较好型石英支撑强溶蚀相以气层、气水层为代表，二类较差型岩屑石英砂岩溶蚀相以差气、气层为代表，三类致密型微孔结构相以气显示层及干层为代表，以及个别水层测井响应特征，建立该区目的层段致密气藏储层测井评价标准对比表（表 7-4）。

表 7-4　致密气藏储层测井评价标准对比表（苏里格东区）

致密气藏储层类别	气层（含差气层）		气显示层		干层		气水同层		水层	
	范围	平均值	范围	平均值	范围	平均值	范围	平均值	范围	平均值
密度/(g/cm³)	2.35~2.55	2.483	2.49~2.60	2.547	2.59~2.71	2.65	2.48~2.57	2.525	2.50~2.52	2.516
声波时差/(μs/m)	223~266	241.6	215~237	226.3	188~210	202.1	216~250	233	209~222	218
中子孔隙度/%	5~21	12.6	9~19	13.3	6~16	11.4	5~15	13.6	10~14	13
自然电位减小系数	0.32~0.96	0.629	0.27~0.63	0.5	0.16~0.56	0.307	0.47~0.95	0.69	0.73~0.90	0.821
钾减小系数	0.60~0.97	0.761	0.46~0.92	0.685	0.36~0.93	0.687	0.59~0.96	0.758	0.82~0.98	0.912
钍减小系数	0.79~0.95	0.892	0.82~0.94	0.884	0.55~0.87	0.742	0.81~0.94	0.877	0.72~0.96	0.862
铀减小系数	0.73~0.96	0.885	0.71~0.92	0.861	0.74~0.96	0.833	0.80~0.94	0.886	0.82~0.97	0.904
自然伽马减小系数	0.75~0.95	0.874	0.69~0.92	0.856	0.53~0.92	0.776	0.72~0.91	0.859	0.92~0.97	0.934
光电吸收截面减小系数	0.45~0.85	0.648	0.51~0.82	0.683	0.21~0.76	0.581	0.45~0.79	0.62	0.64~0.76	0.725
井径减小值/cm	-9.026~1.634	-1.502	-5.811~-0.278	-1.389	-1.856~0.788	-0.315	-5.316~1.181	0.405	0.109~1.879	1.13
深侧向电阻率/Ω·m	17~65	32	19~44	31	60~103	71.9	17~47	36.4	14~38	26.4
深感应电阻率/Ω·m	16~48	26.3	19~44	31	41~60	49	7~34	20.7	8~32	19.9
全烃	基本饱满形		欠饱满齿形		无明显显示		漏斗形或钟形		无明显显示	

四、气测全烃评价标准

气测全烃曲线测量是一种地球化学录井方法，通过在井口采集泥浆气样做全烃分析，并将其对应地层进行全烃评价。一般在钻开地层时，储层中的气是以游离、溶解或吸附状态赋存于钻井液中。如果气层物性好、含气高，气层中的气与钻井液混合返至井口，气测录井就会呈现较好的全烃气显示异常。因此，利用全烃曲线形态可以对致密气藏含气层作出判断。通过该区目的层段测井曲线和试气资料建立全烃曲线含气层评价标准（图 7-33、表 7-5）：

（1）气层：全烃曲线呈饱满形，全烃厚度比气层厚度稍大或相差不多，曲线形态显示气充满气层整个层段（为一类岩石物理相特征）；

（2）气层、差气层：全烃曲线呈欠饱满形，全烃厚度比气层、差气层厚度偏小，曲线形态显示气尚未充满整个层段（为二类岩石物理相特征）；

（3）气显示层：全烃曲线呈欠饱满齿状，全烃厚度在层段交错变化显示不明显（为三类岩石物理相特征）；

（4）气水层：全烃曲线呈漏斗形或钟形，显示层段顶部或底部有少量游离气，水中溶解的气欠饱和（整个显示为一类岩石物理相特征）。

表 7-5　致密气藏不同岩石物理相气测全烃评价标准

含气层类别	岩石物理相类别	全烃曲线	全烃曲线显示厚度	气充满程度
气层	一类	饱满形	显示厚度等于或大于层厚	气充满全层段
气层（差气层）	二类	欠饱满形	显示厚度小于层厚	气尚未充满全层段
气显示层	三类	欠饱满齿形	显示厚度明显小于厚度	气齿状交错欠充满
气水层	一类	漏斗形或钟形	显示厚度明显小于层厚	部分水中溶解气欠饱满
干层	三类	无显示特征	无显示厚度	未充满

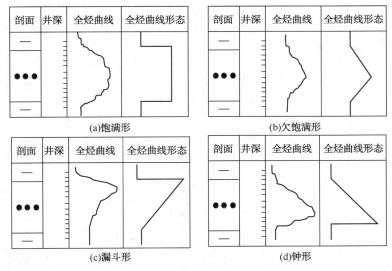

图 7-33　致密气藏气测曲线形态示意图

五、夹层扣除标准

致密气藏含气层中夹层主要是指钙质、硅质、泥质等充填胶结的含铁方解石岩屑砂泥岩、加大型含硅质石英砂岩、含泥岩屑砂岩等。它们砂岩颗粒排列杂乱、分选差，孔隙结构及压汞排驱压力、中值压力高，在薄片下仅能见少量微孔或微裂孔。致密夹层多因沉积环境变迁和成岩胶结所致，通常可利用测井曲线按钙质夹层、物性夹层和泥质夹层分别予以扣除。

（一）钙质夹层

钙质夹层测井电阻率显示高值，密度、中子孔隙度高，声波时差低，自然电位、有效光电吸收截面高、自然伽马及伽马能谱测井明显较低。

（二）物性夹层

物性夹层测井曲线幅度明显低于有效储层标准，出现特别减小值，包括自然电位、自然伽马、伽马能谱、光电吸收截面指数减小系数和密度减小显著减小，声波时差减小值和电阻率明显趋大。

（三）泥质夹层

泥质夹层测井曲线幅度更低于有效储层标准，自然电位、自然伽马、伽马能谱、光电吸收截面曲线异常幅度回返，密度、声波时差和中子孔隙度增高，电阻率有所下降。

六、致密砂岩气藏不同岩石物理相含气层评价标准建立

根据该区盒 8、山 1、山 2 致密气藏含气层制定的岩性、物性、测井曲线（电性）、气测全烃及夹层扣除评价标准，对该区完钻井进行含气层评价解释，综合密度、声波时差、自然电位、自然伽马、伽马能谱、光电吸收截面、井径及电阻率等测井曲线，结合成岩储集相及岩性标准，以及测井曲线对含气层、夹层灵敏度的反映和射孔所得到的精度，确定有效厚度起算下限 0.4m，夹层厚度以 0.2m 起扣除。分别制定出该区目的层段 3 种岩石物理相及其 5 种类型储层评价标准（表 7-6、表 7-7）。

表 7-6　苏东研究区盒 8、山 1、山 2 不同岩石物理相含气层评价标准表

含气层类别	岩石物理相类别	物性标准			测井曲线标准													岩性下限	含气层起算下限/m	夹层扣除下限/m
		孔隙度/%	渗透率/10⁻³μm²	含气饱和度/%	密度/(g/cm³)	声波时差/(μs/m)	中子孔隙度/%	自然电位减小系数	自然伽马减小系数	钍含量减小系数	钾含量减小系数	铀含量减小系数	光电吸收截面指数减小系数	井径减小值/cm	电阻率/Ω·m 侧向	电阻率/Ω·m 感应	全径			
气层	一类	10.2	0.73	50	2.476	243	11.8	0.627	0.87	0.891	0.776	0.881	0.649	-1.664	32.4	26.3	饱满形	中砂岩	0.4	0.2
气层(差气层)	二类	9.5	0.27	50	2.51	235.3	12.7	0.589	0.891	0.877	0.72	0.9	0.643	-0.814	30.3	—	基本饱满形	中砂岩	0.4	0.2
气显示层	三类	6.7	0.17	37	2.547	226.3	13.3	0.5	0.856	0.884	0.686	0.861	0.683	-1.389	31	—	欠饱满斗形	中砂岩	0.4	0.2
气水同层	一类	10.8	0.43	35	2.525	233	13.6	0.69	0.859	0.877	0.758	0.886	0.62	0.405	36.4	20.7	欠饱满斗形或针形	中砂岩	0.4	0.2
干层	三类	5.5	0.10	35	2.65	202.1	11.4	0.307	0.776	0.742	0.687	0.833	0.581	-0.315	71.9	49.0	欠充满	中砂岩		

表 7-7　苏东研究区盒 8、山 1、山 2 不同岩石物理相含气层相对于致密干层曲线差异评价标准表

含气层类别	岩石物理相类别	物性差异			测井曲线差异											
		孔隙度/%	渗透率/10⁻³μm²	含气饱和度/%	密度/(g/cm³)	声波时差/(μs/m)	中子孔隙度/%	自然电位减小系数	自然伽马减小系数	钾含量减小系数	钍含量减小系数	铀含量减小系数	光电吸收截面指数减小系数	井径减小值	电阻率/Ω·m 侧向	电阻率/Ω·m 感应
气层	一类	4.7(10.2)	0.63(0.73)	15(50)	-0.174	40.9	0.4	0.32	0.094	0.089	0.149	0.048	0.068	-1.349	-39.5	-22.7
气层(差气层)	二类	4(9.5)	0.17(0.27)	15(50)	-0.14	33.2	1.3	0.282	0.115	0.033	0.135	0.067	0.062	-0.499	-41.6	—
气显示层	三类	1.2(6.7)	0.07(0.17)	2(37)	-0.103	24.2	1.9	0.193	0.08	0.001	0.142	0.028	0.102	-1.074	-40.9	—
气水同层	一类	5.3(10.8)	0.33(0.43)	0(35)	-0.125	30.9	2.2	0.383	0.083	0.071	0.135	0.053	0.039	-0.72	-35.5	-28.3

通过分析表7-3含气层下限和表7-6含气层评价标准可见，不同岩石物理相含气层下限与评价标准都具有相互识别差异。也就是说，利用残余气饱和度参数影响建立的含气层下限值和利用剩余可动气饱和度影响建立的含气层评价标准，可以分别不同程度表达不同岩石物理相含气层厚度及参数变化。

再以表7-1和表7-6对比分析泥浆侵入带剩余气变化特征，含气层下限差异反映致密气储层残余气饱和度及其差异小，含气层评价标准差异反映致密气储层剩余可动气饱和度及其差异相对较大。特别是不同岩石物理相含气层剩余可动气饱和度差异建立的测井响应参数评价标准，体现出含气层段气体最大渗透力和"无孔不入"特点，反映在不同程度含气层段测井曲线差异明显。它们分别探测的多种测井响应曲线在该区老井复查评价和重新认识中，提供着最为敏感、十分有效和相互匹配的含气信息，从而，有效评价推荐新增气层有效厚度和试气层段，为该区致密气储层增储上产提供了有利目标。

第四节　老井复查含气层潜力

评价划分新增致密气藏含气储层的基本思路是在地层细分对比基础上，根据主力气层试气、测井、分析化验和生产动态资料对比分析，结合有利沉积成岩相带成藏主导控制因素条件，分析致密气藏特征和含气层识别的基本方法，研究致密气藏含气层下限，建立不同岩石物理相含气层评价标准，对各单井主力气层致密气藏储层进行重新评价认识，对老井资料进行挖掘，筛选新增含气层段及潜力区域。以苏里格东区山2、山1、盒8下、盒8上沉积期为例，逐井进行复查筛选。

一、山2期曲流河三角洲河道砂体老井复查

（一）新增含气层评价处理成果

该期目的层段具有多河道低弯度曲流河沉积特征，剖面结构具有明显的下粗上细的二元结构，总体表现为边滩上部被很厚的粉砂岩、泥质砂岩及细粒沉积物组成的废弃河道、天然堤、河间湖及分流间湾沉积所覆盖。因此，该期边滩及其河道滞留叠置骨架砂体有利沉积成岩相带，它们在测井曲线上反映单渗砂层能量厚度有异常响应，控制着储层岩石物理相变化。其中，反映出含气层测井曲线具有的幅度、厚度及其特有的形态和特征，利用表7-6、表7-7不同岩石物理相含气层评价标准，对该期目的层段致密气藏储层复查核实，筛选新增不同类别岩石物理相含气层75个，含气层厚度235m。其中筛选新增一类岩石物理相气层25个，有效厚度96.4m；新增二类岩石物理相差气层14个，差气层厚度31.7m；新增三类岩石物理相气显示层36个，气显示层厚度106.9m。该期层段新增含气层厚度占评价区井段含气层总厚度（358.1m）的65.6%，其中新增有效厚度占评价区井段总有效厚度（133.6m）的71.4%。

（二）实例分析

1. Z65井山2段曲流河砂体老井复查

该井段复查处理46层、47层、48层，其46层、48层原解释干层，复查评价为三类岩石物理相气显示层。47层原解释为差气层，复查评价为一类岩石物理相气层。该气层段2990.0~2992.0m射孔试气，日产气4.28×10⁴m³（图7-34）。

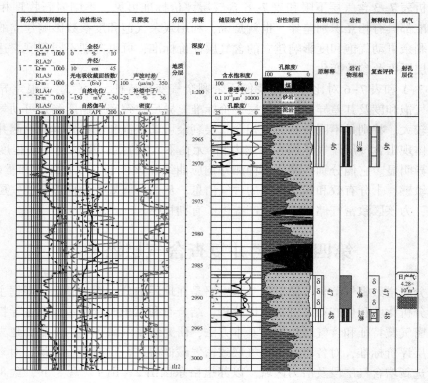

图 7-34　Z65 井山 2 段曲流河道砂体老井复查成果图

2. Z51 井山 2 段曲流河砂体老井复查

该井段复查处理 47、48、49、50、51、52、53、54 层段，其主力层段 48 层、50 层及 51 层上半段原解释为差气层及干层，复查评价为一类岩石物理相气层。该气层段 2937.0～2941.0m 射孔试气，日产气 $4.25 \times 10^4 m^3$（图 7-35）。

3. Z73 井山 2 段曲流河老井复查

该井段复查处理 50、51、52、53 层段，其主力层段 50 层、52 层及 53 层段原解释为气水层、含气水层及干层，复查评价为一类岩石物理相气层及三类岩石物理相气显示层。该气层段 2909.0～2912.0m 射孔试气，日产气 $3.18 \times 10^4 m^3$（日出水 $1.5 m^3$）（图 7-36）。

4. Z7 井山 2 段曲流河砂体老井复查

该井段复查处理 49、50、51、52 层段，其 51 层、52 层及 49 层原解释为差气层、水层及干层，复查评价 51 层、52 层主要为一类岩石物理相气层及水层，49 层为三类岩石物理相气显示层。该气层段 2999.0～3002.0m 射孔试气，日产气 $1.97 \times 10^4 m^3$（日出水 $5.4 m^3$）（图 7-37）。

5. T21 井山 2 段曲流河砂体老井复查

该井段复查处理 54、55、56、57、58 层段，其 56 层及 57 层原解释为差气层及干层，复查评价主要为一类、三类岩石物理相气层及气显示层。在该气层及差气层段 2897.0～2900.0m、2890.0～2892.0m 射孔试气，日产气 $1.33 \times 10^4 m^3$（图 7-38）。

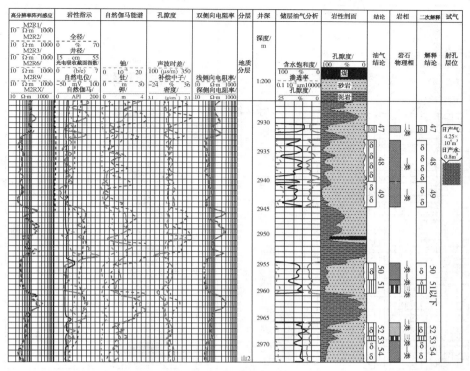

图 7-35　Z51 井山 2 段曲流河道砂体老井复查成果图

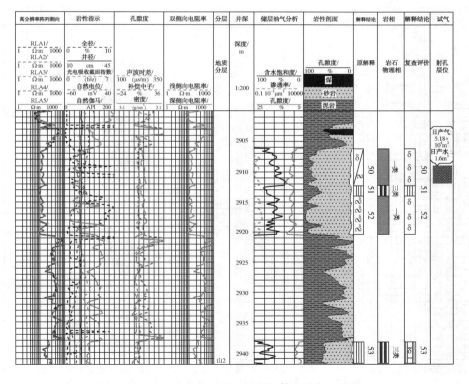

图 7-36　Z73 井山 2 段曲流河道砂体老井复查成果图

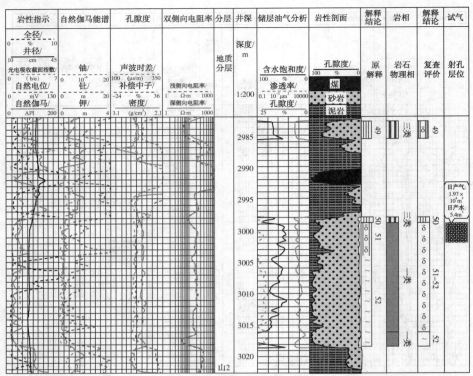

图 7-37 Z7 井山 2 段曲流河道砂体老井复查成果图

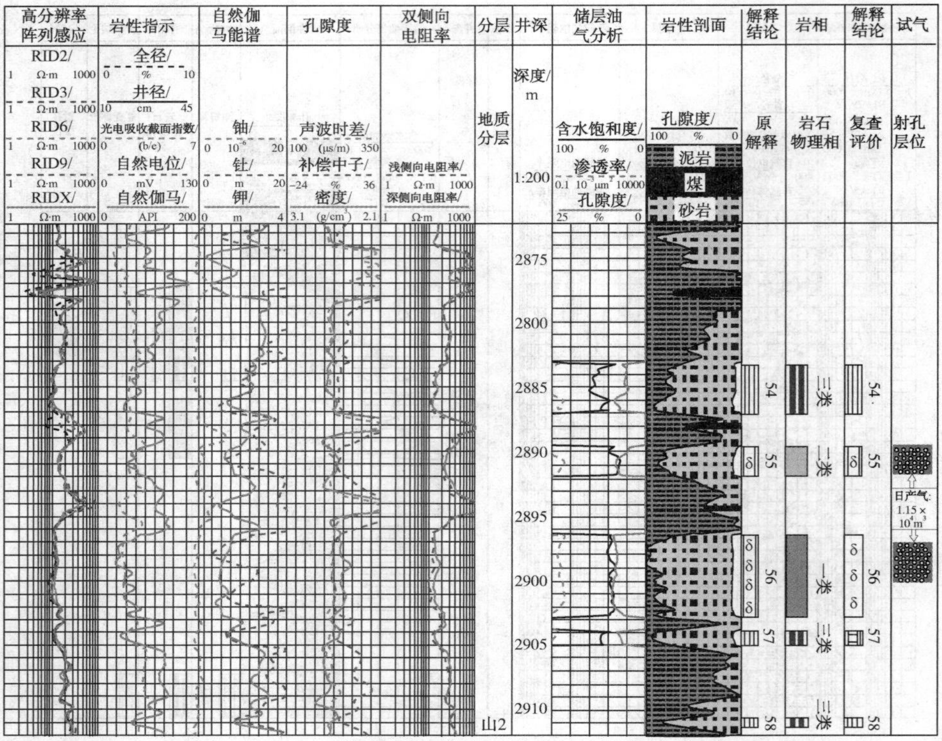

图 7-38 T21 井山 2 段曲流河道砂体老井复查成果图

6. T23 井山 2 段曲流河砂体老井复查

该井段复查处理 56、57 层段，其原解释为干层，复查评价主要为三类岩石物理相气显示层（图 7-39）。

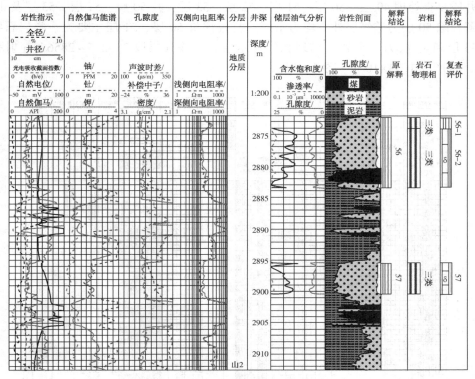

图 7-39　T23 井山 2 段曲流河道砂体老井复查成果图

（三）推荐试气层位

山 2 段推荐试气层位如下：

（1）Z65 井 46 层、48 层三类气显示层（原干层）；

（2）Z51 井 50 层一类气层（原差气层）；

（3）Z73 井 52 层一类气层（原含气水层）；

（4）Z7 井 52 层一类气层（原含气水层）；

（5）T23 井 56-2 层三类气显示层（原干层）。

二、山 1 期曲流河三角洲河道砂体老井复查

（一）新增含气层评价处理成果

该期目的层段曲流河三角洲边滩及其河道滞留砂体有利沉积成岩相带，它们在测井曲线上反映单渗砂层能量厚度控制着储层岩石物理相变化，利用表 7-6、表 7-7 不同岩石物理相含气层评价标准，对该期曲流河三角洲河道砂体致密气藏储层复查核实，新增不同类别岩石物理相含气层 88 个，含气层厚度 292.9m。其中筛选新增一类岩石物理相气层 13 个，有效厚度 39.2m；新增二类岩石物理相差气层 20 个，差气层厚度 66.1m；新增三类岩石物理相气显示层 55 个，气显示层厚度 186.7m。该期层段新增含气层厚度占评价区井段含气层总厚

度（362.7m）的 80.5%，其中新增有效厚度占评价区井段总有效厚度（83.2m）47.1%。

（二）实例分析

1. T21 井山 1 段曲流河砂体老井复查

该井段复查处理 49 层、50 层、51 层、52 层、53 层，其 50 层、51 层、53 层及 49 层段中，原解释除 50 层为差气层外，均为干层。复查评价 50 层、51 层主要为一类岩石物理相气层，53 层和 49 层为三类岩石物理相气显示层。经该气层段 2852.5~2856.0m 射孔试气（合试），日产气 $1.33 \times 10^4 m^3$（图 7-40）。

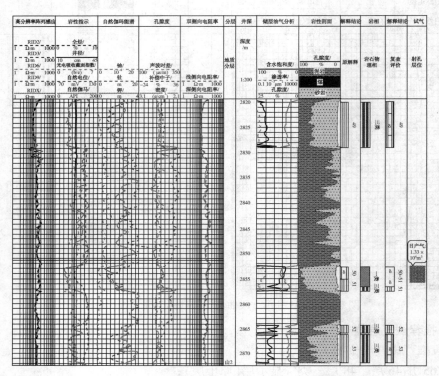

图 7-40　T21 井山 1 段曲流河道砂体老井复查成果图

2. Z80 井山 1 段曲流河砂体老井复查

该井段复查处理 38、39、40、41 层段，其 40 层、39 层原解释分别为气层和干层，复查评价分别为一类及三类岩石物理相气层、气显示层。经该气层段 2897.0~2900.0m 射孔试气，日产气 $2.54 \times 10^4 m^3$（图 7-41）。

3. Z64 井山 1 段曲流河老井复查

该井段复查处理 48、49、50、51、52 层段，原解释 50 层为气层，其余均为干层。复查评价 50 层为一类岩石物理相气层，51 层、52 层及 48 层、49 层主要部分为二类岩石物理相差气层。经该气层段 2943.0~2945.5m 射孔试气，日产气 $1.43 \times 10^4 m^3$（日出水 2.4 m^3）（图 7-42）。

4. Z79 井山 1 段曲流河砂体老井复查

该井段复查处理 50、51、52、53 层段，其 52 层原解释为含气水层，复查评价为二类岩石物理相差气层（图 7-43）。

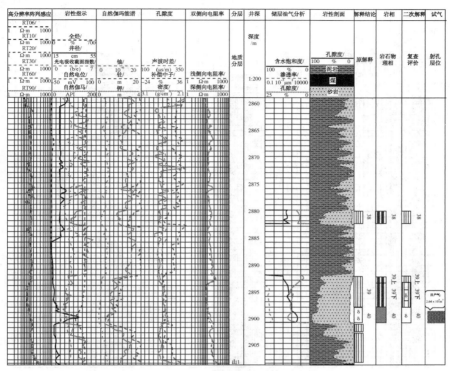

图 7-41　Z80 井山 1 段曲流河道砂体老井复查成果图

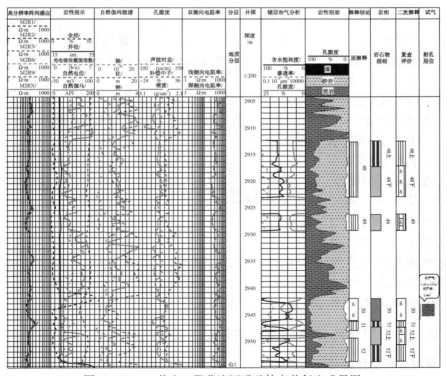

图 7-42　Z64 井山 1 段曲流河道砂体老井复查成果图

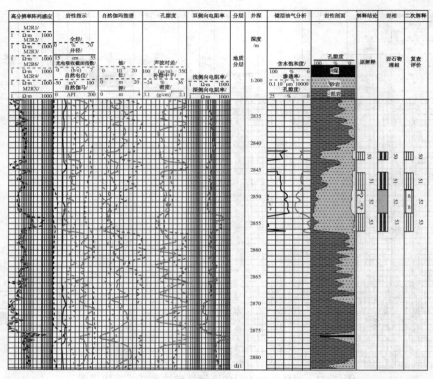

图7-43　Z79井山1段曲流河道砂体老井复查成果图

5. Z29井山1段曲流河砂体老井复查

该井段复查处理42、43、44、45层段，其43层、45层原解释为气层和气水层，复查评价均为一类岩石物理相气层。该气层段2955.0~2957.0m射孔试气，日产气1.75×10⁴m³（日出水0.9 m³）（图7-44）。

6. T28井山1段曲流河砂体老井复查

该井段复查处理45、46层段，其45层原解释为干层，复查评价主要为二类和一类岩石物理相差气层及气层（图7-45）。

（三）推荐试气层位

山1段推荐试气层位如下：

（1）T21井49层三类气显示层（原干层）；

（2）Z80井39-2层三类气显示层（原干层）；

（3）Z64井48-2层二类差气层（原干层）；

（4）Z79井52层二类差气层（原含气水层）；

（5）Z29井45层一类气层（原气水层）；

（6）T28井45-2层二类差气层（原干层）。

三、盒8下期辫状河三角洲河道砂体老井复查

（一）新增含气层评价处理成果

该期目的层段具有缓坡型辫状河沉积特征，剖面结构由多个辫状河心滩砂体连续叠置构

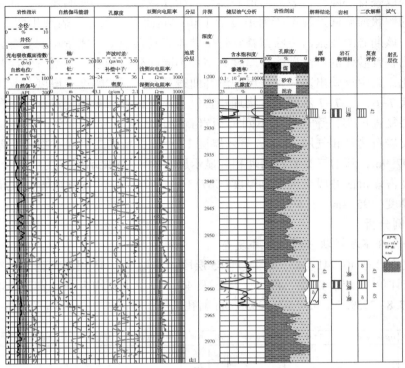

图 7-44　Z29 井山 1 段曲流河道砂体老井复查成果图

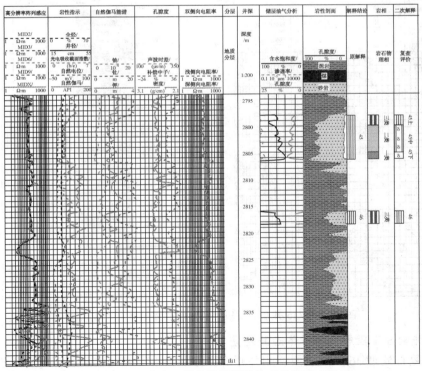

图 7-45　T28 井山 1 段曲流河道砂体老井复查成果图

成，总体反映以叠置心滩为代表的河道砂体之间相互截切的底部冲刷发育，而上部漫滩细粒沉积物在新的辫状河旋回过程遭受河道复活下切冲刷而难于保存，表现出明显的"砂包泥"特征。因此，该期心滩及其河道滞留叠置骨架砂体有利沉积成岩相带特别发育，它们在测井曲线上反映出叠置砂体的单渗砂能量厚度有多种不同的异常响应，控制着储层相对发育的岩石物理相变化；其中反映出多种含气层的测井曲线具有不同的幅度、厚度及其特有的形态和特征，利用表7-6、表7-7不同岩石物理相含气层评价标准，对该期辫状河三角洲河道砂体致密气藏储层复查核实，筛选新增不同类别岩石物理相含气层136个，含气层厚度462m。其中新增一类岩石物理相气层32个，有效厚度120.1m；新增二类岩石物理相差气层31个，差气层厚度97.9m；新增三类岩石物理相气显示层73个，气显示层厚度244m。该期层段新增含气层厚度占评价区井段含气层总厚度（587.3m）的78.7%，其中新增有效厚度占评价区井段总有效厚度（195.4m）61.5%。

（二）实例分析

1. Z15井盒8下段辫状河砂体老井复查

该井段复查处理40、41、42、43、44、45层段，其41层、45层原解释为差气层，其余均为干层。复查评价41层、42层、43层、45层及40下段层主要均为一类岩石物理相气层。经该气层段2937.8~2939.5m、2955.9~2958.0m射孔试气，日产气2.2×10⁴m³（图7-46）。

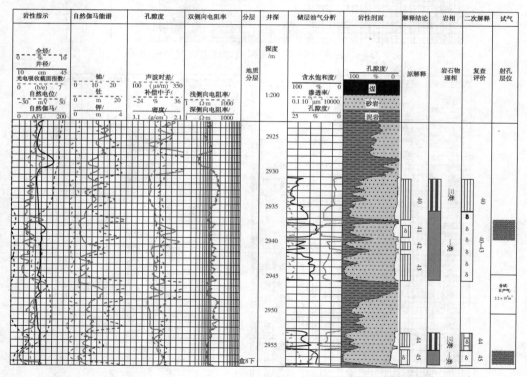

图7-46　Z15井盒8下段辫状河道砂体老井复查成果图

2. Z80井盒8下段辫状河砂体老井复查

该井段复查处理36、37层段，测井原解释分别为水层和气水同层，复查评价36层为三类岩石物理相气显示层，37层为一类岩石物理相气层。经37层气层段2855.0~2858.0m射

146

孔试气，日产气 $2.45 \times 10^4 \mathrm{m}^3$（图 7-47）。

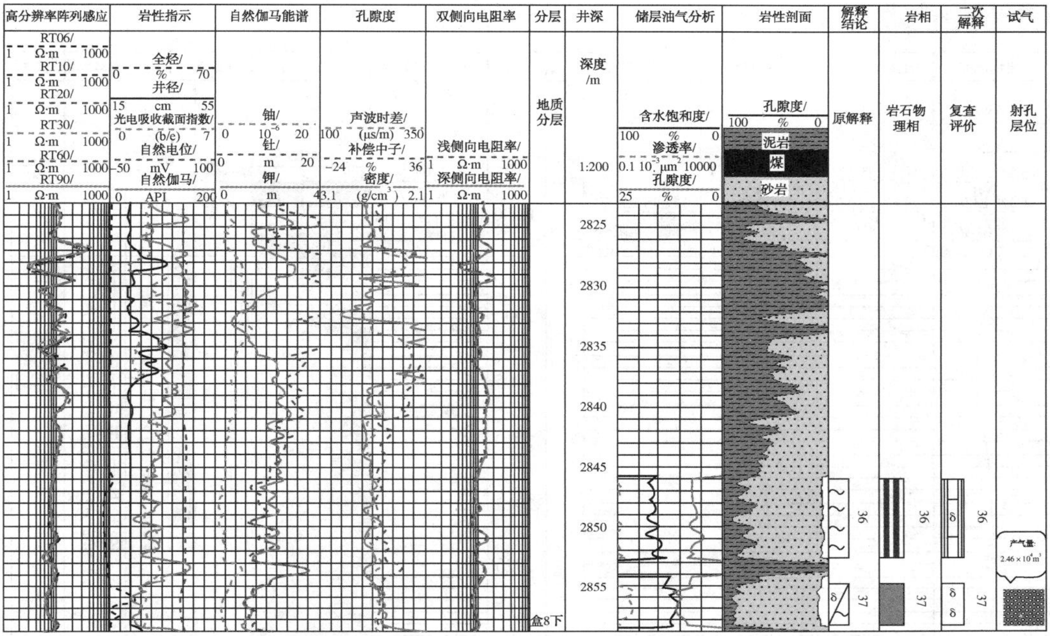

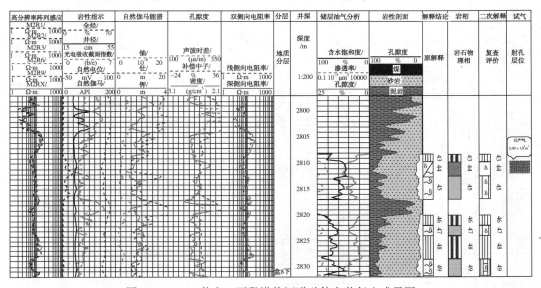

图 7-47 Z80 井盒 8 下段辫状河道砂体老井复查成果图

3. Z79 井盒 8 下段辫状河老井复查

该井段复查处理 43、44、45、46、47、48、49 层段，其 44 层及 45 层、47 层、49 层原解释为气水层和含气水层，复查评价均为一类、二类岩石物理相气层及差气层。经该气层段 2809.5~2812.0m 射孔试气，日产气 $2.09 \times 10^4 \mathrm{m}^3$（图 7-48）。

图 7-48 Z79 井盒 8 下段辫状河道砂体老井复查成果图

4. Z7 井盒 8 下段辫状河砂体老井复查

该井段复查处理 46 层段，该层原解释为干层，分段复查评价为主要一类、二类岩石物理相气层及差气层，经该气层段 2901.0~2906.0m 射孔试气，日产气 $2.98 \times 10^4 \mathrm{m}^3/\mathrm{d}$（日出水 4.9 m^3）（图 7-49）。

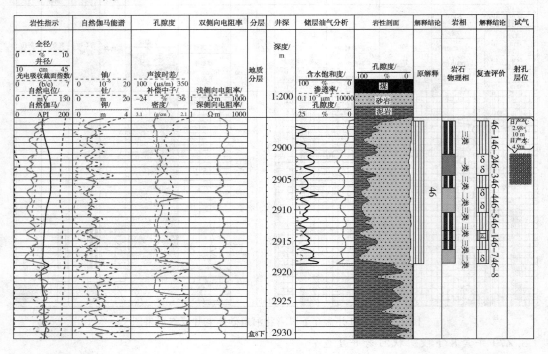

图 7-49 Z7 井盒 8 下段辫状河道砂体老井复查成果图

5. T21 井盒 8 下段辫状河砂体老井复查

该井段复查处理 45、46、47、48 层段，其 48 层原解释为干层，复查评价主要为三类岩石物理相气显示层（图 7-50）。

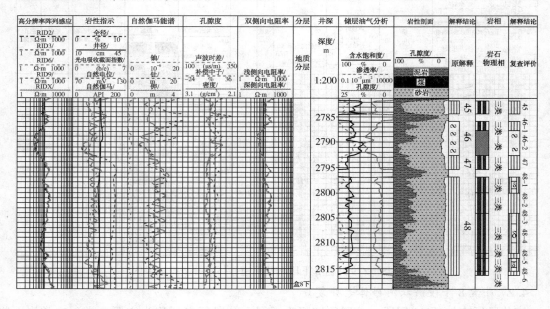

图 7-50 T21 井盒 8 下段辫状河道砂体老井复查成果图

6. T23 井盒 8 下段辫状河砂体老井复查

该井段复查处理 45、46、47、48、49、50 层段，其 49 层原解释为差气层，其余均为干层。复查评价 49 层为二类岩石物理相差气层外，尚有 47 层为一类岩石物理相气水层，45 层、46 层、48 层及 50 层为三类岩石物理相气显示层(图 7-51)。

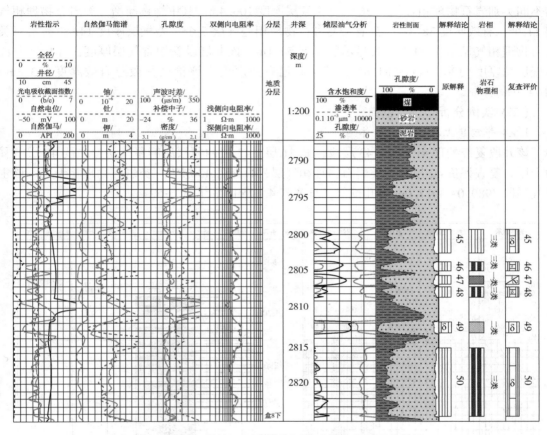

图 7-51 T23 井盒 8 下段辫状河道砂体老井复查成果图

(三) 推荐试气层位

盒 8 下推荐试气层位如下：

(1) Z80 井 36 层三类气显示层(原干层)；

(2) Z79 井 45、49 层二类差气层(原含气水层)；

(3) Z7 井 46-4 层二类差气层(原干层)；

(4) T21 井 48-3 层三类气显示层(原干层)；

(5) T23 井 50 层三类气显示层(原干层)。

四、盒 8 上期曲流河道砂体老井复查

(一) 新增含气层评价处理成果

该期目的层段具有多河道低弯度曲流河沉积特征，剖面结构具有明显的下粗上细的二元结构，总体表现为边滩上部被很厚的粉砂岩、泥质砂岩及细粒沉积物组成的废弃河道、天然

堤、河间湖及分流间湾沉积所覆盖。因此，该期边滩及其河道滞留叠置骨架砂体有利沉积成岩相带，它们在测井曲线上反映单渗砂层能量厚度有异常响应，控制着储层岩石物理相变化。其中，反映出含气层测井曲线具有的幅度、厚度及其特有的形态和特征，利用表7-6、表7-7不同岩石物理相含气层评价标准，对该期目的层段致密气藏储层复查核实，筛选新增不同类别岩石物理相含气层36个，含气层厚度106.4m。其中筛选新增一类岩石物理相气层11个，有效厚度38.3m；新增二类岩石物理相差气层5个，差气层厚度14m；新增三类岩石物理相气显示层20个，气显示层厚度54.1m。该期层段新增含气层厚度占评价区井段含气层总厚度（130.1m）的81.8%，其中新增有效厚度占评价区井段总有效厚度（53.3m）的71.9%。

（二）实例分析

1. Z4井盒8上段曲流河砂体老井复查

该井段复查处理41、42、43层段，其41层、43层两薄层原解释气层，主要42层解释为干层。复查评价42层为一类岩石物理相气层，41层、43层为三类岩石物理相干层。该主要气层段2980.0~3017.0m射孔试气，日产气4.17×10⁴m³（图7-52）。

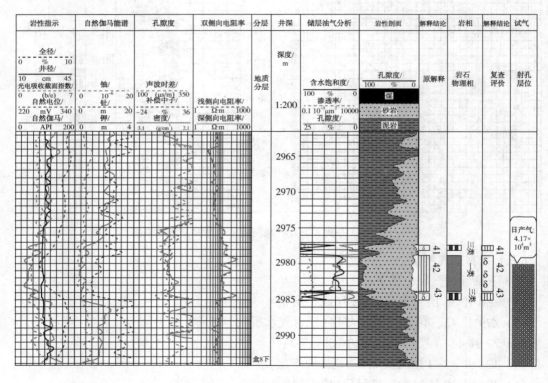

图7-52　Z4井盒8上段曲流河道砂体老井复查成果图

2. T28井盒8上段曲流河砂体老井复查

该井段复查处理32、33、34、35、36层段，原解释34号层为差气层，35层、36层为气层。复查评价34层、35层、36层主要为一类岩石物理相气层。该35层、36层主要气层段2750.0~2754.0m射孔试气，日产气1.15×10⁴m³（图7-53）。

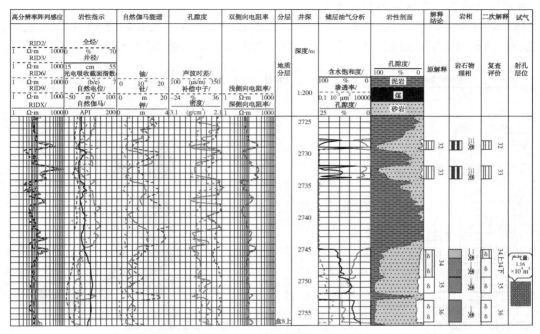

图 7-53　T28 井盒 8 上段曲流河道砂体老井复查成果图

3. Z80 井盒 8 上段曲流河老井复查

该井段复查处理 32、33、34、35 层段，原解释 35 层为含气水层外，均为干层。复查评价 35 层为一类岩石物理相气层，33 层主要为二类岩石物理相差气层(图 7-54)。

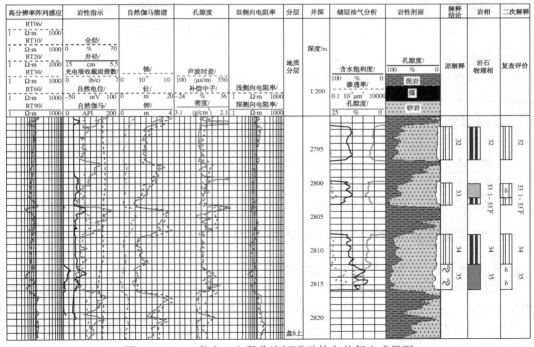

图 7-54　Z80 井盒 8 上段曲流河道砂体老井复查成果图

4. T25 井盒 8 上段曲流河砂体老井复查

该井段复查处理 52、53、54、55 层段，原解释全为干层。复查评价 53 层、55 层为二类岩石物理相差气层，52 层、55 层为三类岩石物理相气显示层(图 7-55)。

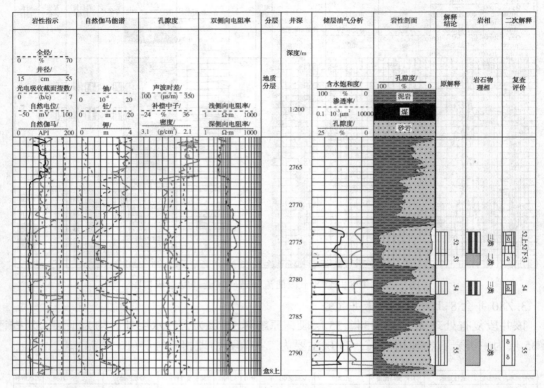

图 7-55　T25 井盒 8 上段曲流河道砂体老井复查成果图

5. T23 井盒 8 上段曲流河砂体老井复查

该井段复查处理 41、42、43、44 层段，原解释全为干层。复查评价均为三类岩石物理相气显示层(图 7-56)。

(三) 推荐试气层位

盒 8 上推荐试气层位如下：

(1) Z80 井 35 层一类气层(原含气水层)；

(2) T25 井 54 层三类气显示层(原干层)；

(3) T23 井 42 层、43 层三类气显示层(原干层)。

五、老井复查新增含气层评价处理成果统计对比分析

(一) 老井复查-新增含气层分类统计对比

通过上述研究区 46 口井目的层段盒 8 上、盒 8 下、山 1、山 2 致密气藏储层进行重新认识和复查核实，总计新增不同类别岩石物理相含气层 335 个，新增含气层厚度 1095.4m。其中，新增一类岩石物理相气层 81 个，有效厚度 294m；新增二类岩石物理相差气层 70 个，差气层厚度 209.7m；新增三类岩石物理相气显示层 184 个，气显示层厚度 591.7m。各层段

新增气层、差气层、气显示层层数和厚度列于图 7-57 中，这些新增含气层厚度占评价区单井总含气层厚度的 76.2%，其中新增有效厚度占评价区单井总有效厚度 63.2%。

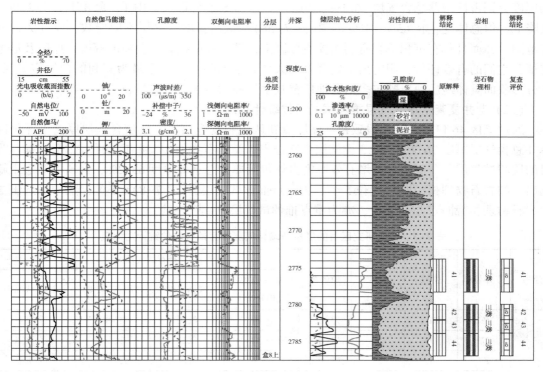

图 7-56　T23 井盒 8 上段曲流河道砂体老井复查成果图

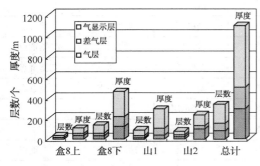

图 7-57　苏东研究区目的层段新增
含气层分层分类统计对比图

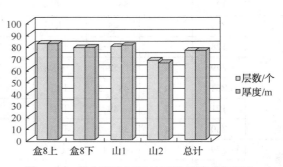

图 7-58　苏东研究区目的层段新增含气层占
评价区含气层分层统计对比图

从图中盒 8 上、盒 8 下、山 1、山 2 新增含气层分类统计对比可以看出，各层段新增含气层的层数和厚度总体较大，其中以三类岩石物理相气显示层增幅最大（层数 184 个，厚度 591.7m），一类岩石物理相气层增幅较大（层数 81 个，厚度 294m）。以各层段对比看，盒 8 下期辫状河道砂体新增含气层层数和厚度最大，新增不同类别岩石物理相含气层 136 个，新增含气层厚度 462m，反映出该期辫状河心滩及其河道叠置骨架砂体有利沉积成岩相带特别发育，其心滩砂体连续叠置形成多个含气层具明显曲线幅度、厚度及形态特征。山 1 期、山 2 期和盒 8 上期曲流河道砂体新增含气层层数和厚度依次降低，它们也同样反映出曲流河边滩及其河道叠置骨架砂体有利沉积成岩相带的发育，其边滩砂体控制含气层也具明显曲线幅度、厚度及形态特征（图 7-57）。特别是各层段新增含气层总体比例较大，其新增含气层数和厚度分别占评价器总含气层 76.1%、76.2%，以盒 8 上为最大，山 1、盒 8 下、山 2 期依次降低，但总体变化在 65%～81% 范围（图 7-58）。这些新增含气层不但层数、厚度大，分布范围广，而且具有沉积成岩有利相控主导因素，其测井曲线具有明显的幅度、厚度及形态特征，它们的有效评价，圈定出单斜背景上大型岩性圈闭主砂带上最为有利的含气富集区，十分形象而具体地反映出鄂尔多斯盆地广覆式生气和满盆子储气的特色。

（二）老井复查新增含气层推荐试气层位统计对比

通过该区 46 口井目的层段致密气储层重新认识和复查核实，新增含气层厚度占评价区单井总含气层厚度 76.2%，经 5 类储层中筛选出 3 类岩石物理相"甜点"层位 22 个，推荐为目的层段试气层位。其中，新增有效厚度占评价区单井总有效厚度 63.2%，经 5 类储层中筛选出一类岩石物理相"甜点"层位 5 个，为重点推荐试气层位（表 7-8）。5 类储层中筛选出二类岩石物理相"甜点"层位 5 个，亦为重点推荐试气层位（表 7-8）。

表 7-8　苏东研究区目的层段新增含气层推荐试气层位统计对比表

层段	井号	层数	层号	原解释	推荐试气理由			
					岩石物理相分类	含气储层类型	"甜点"类型	推荐状况
山 2	Z51	1	50	差气层	一类	气层	一类"甜点"	一类重点
	Z73	1	52	含气水层	一类	气层	一类"甜点"	一类重点
	Z7	1	52	含气水层	一类	气层	一类"甜点"	一类重点
	Z65	2	46、48	干层	三类	气显示层		
	T23	1	56-2	干层	三类	气显示层		
山 1	Z29	1	45	气水层	一类	气层	一类"甜点"	一类重点
	T28	1	45-2	干层	二类	差气层	二类"甜点"	二类重点
	Z79	1	52	含气水层	二类	差气层	二类"甜点"	二类重点
	Z64	1	48-2	干层	二类	差气层	二类"甜点"	二类重点
	T21	1	49	干层	三类	气显示层		
	Z80	1	39-2	干层	三类	气显示层		
盒 8 下	Z79	2	45、49	含气水层	二类	差气层	二类"甜点"	二类重点
	Z7	1	46-4	干层	二类	差气层	二类"甜点"	二类重点
	Z80	1	36	干层	三类	气显示层		
	T21	1	48-3	干层	三类	气显示层		
	T23	1	50	干层	三类	气显示层		
盒 8 上	Z80	1	35	含气水层	一类	气层	一类"甜点"	一类重点
	T25	1	54	干层	三类	气显示层		
	T23	2	42、43	干层	三类	气显示层		

第八章 致密气藏含气有利区岩石物理相流动单元"甜点"筛选技术

岩石物理相是指一种储集层的成因单元，它能反映一定的岩石物理性质和形成环境，是沉积、成岩、构造和后期流体改造等一系列作用的综合反映。流动单元则是指一种储集层的渗流单元，其内部具有相同的渗流特征，它是储层岩石物性特征及渗流特征的综合反映。显然，它们反映储集层的侧重点不同，但两者之间是相辅相成的，通过找到两者之间的结合点，建立起"岩石物理相—流动单元"定量评价标准和评价技术，能更好地反映储集层不同类别"岩石物理相—流动单元"储层的地质条件、储集特征和分布规律，有效表征与预测有利含油气储集体。

第一节 流动单元分析原理和划分方法

储层流动单元综合评价是对储层特征的全面总结，它对指导油气储层评价和有利区预测具有十分重要的意义。储层流动单元综合评价研究是以取心井地质、测井资料为依据，在沉积相、成岩相、储层宏观非均质性和微观孔隙结构研究的基础上进行的。利用灰色系统理论，采用储集层的宏观物性、含油气性特征为基础，结合反映储层微观孔隙结构指标和非均质性的参数，有机地集成和综合多种信息，对储层流动单元进行分类和综合评价，并结合序贯指示模拟方法预测井间流动单元。从而，对目的层段储层质量、含油气状况、油气层分布、产能大小及其非均质性进行全面分析评价处理，指出有利的区域和层位，为指导油气田开发决策以及开发工艺和增产措施提供依据。

一、流动单元的概念

流动单元的概念首先由 C. L. Hearn 在 1934 年提出来的。他认为，流动单元是一个横向上和纵向上连续的储集带，在这个带内，影响流体流动的岩石物理性质在各处都相似，并且岩石的特点在各处也相似。他又与 M. L. Fowlgr（1986）共同提出的流动单元就是成因单元内流体流动横向和纵向上连续的空间。流动单元与成因单元关系密切，但不一定与其相界面一致。实际上，流动单元是指一个油砂体内部受边界限制，由不连续薄层隔挡，各种沉积微界面、断层及渗透率差异造成的渗流特征相同、水淹特征一致的储集单元，它是渗透率模型的延伸和发展，对剩余油的分布能够提供更接近实际渗流过程的地质模型。

储层流动单元是指在侧向和垂向连续上，具有相同影响流体流动特征参数的储集岩体，每一个流动单元代表一个特定的沉积环境和流体流动特征。按照这一概念，一个储集体可划分为若干个岩性和岩石物理性质各异的流动单元。

流体单元的研究规模，介于砂体规模与微观孔隙规模之间。它不同于砂体结构，亦有别于岩石物理参数的分布模型。流动单元建立的反映储层非均质性地质模型，不仅能客观反映地下流体流动特征，而且能描述到最小一级分隔体。它可以把一个储集体划分为若干个岩性和岩石物理性质各异的流动单元。在同一流动单元内部，影响流体流动的地质参数相同，不同流动单元间则表现了岩性和岩石物理性质的差异性。

二、流动单元分析原理和方法

识别一个流动单元就是识别具有相似的岩石物理特征的三维地质体。而岩石物理相是受沉积特征控制，所以划分流动单元的依据是沉积特征和岩石物理参数。在进行流动单元分析时，首先要确定连通体及隔挡层的位置。常见的隔挡层有泥岩隔挡层、胶结带隔挡层及封闭性断层隔挡层。再综合利用地震、测井及地质资料，首先识别砂体，圈定其范围，然后再单井识别出流动单元，最后利用地质规律识别其空间展布。取心井段的详细沉积特征研究为流动单元的划分提供了基础和保证，在此基础上结合测井解释和处理结果，对未取心井进行流动单元的研究分析。从而对油藏的非均质性有进一步的认识，为提高油藏描述的精度，确定剩余油的分布，改善开发效果及油藏数值模拟提供依据。

储层孔隙几何特征变化决定着流体流动相似的不同层带，即流动单元的存在。流动单元往往受矿物质成分和结构控制，可以根据储层孔喉特征把厚层划分为流动特征相似的不同流动单元。储层平均流动单元半径(r_{mh})是连接流动单元和孔隙度、渗透率关系的重要参数。

$$r_{mh} = \frac{横剖面面积}{润湿周界} = \frac{过流体积}{润湿表面积} \tag{8-1}$$

对于一个圆柱形毛细管来说，有：

$$r_{mh} = \frac{r}{2} \tag{8-2}$$

式中 r——平均水力流动半径。

Kozeny 和 Catmen 利用平均水力流动半径的概念，应用 Poisseuille 和 Darcy 定律推导出孔隙度、渗透率之间的关系式：

$$K = \frac{\Phi_e r^2}{8\tau^2} = \frac{\Phi_e}{2\tau^2}\left(\frac{r}{2}\right)^2 = \frac{\Phi_e r_{mh}^2}{2\tau^2} \tag{8-3}$$

式中 Φ_e——有效孔隙度；

τ——孔隙介质的迂曲度；

K——渗透率，μm^2。

平均流动单元半径(r_{mh})与单位颗粒体积的表面积(s_{gv})和有效孔隙度(Φ_e)的关系式为

$$s_{gv} = \frac{2}{r}\left(\frac{\Phi_e}{1-\Phi_e}\right) = \frac{1}{r_{mh}}\left(\frac{\Phi_e}{1-\Phi_e}\right) \tag{8-4}$$

由式(8-2)和式(8-3)得

$$K = \frac{\Phi_e^3}{(1-\Phi_e)^2 2\tau^2 S_{gv}^2} \tag{8-5}$$

Kozeny 和 Carmen 关系式的形式为：

$$K = \frac{\Phi_e^3}{(1-\Phi_e)^2 F_S \tau^2 S_{gv}^2} \tag{8-6}$$

式中 F_S——形状系数(圆柱体为2)。

$F_S\tau^2$ 习惯上称 Kozeny 为常数，在实际储层岩石中，该项值在 5~100 间变化，它是一个变常数，在其流动单元之间是变化的，但在某个流动单元内部是个常数。将式（8-5）两边除以 Φ_e，并取平方根得：

$$\sqrt{\frac{K}{\Phi_e}} = \frac{1}{1-\Phi_e}\left(\frac{1}{\sqrt{F_S \cdot \tau \cdot S_{gv}}}\right) \qquad (8-7)$$

如果渗透率（K）以 $10^{-3}\mu m^2$ 表示，可以定义参数指标。

储层质量指标：$RQI = 0.0314\sqrt{\dfrac{K}{\Phi_Z}}$ $\qquad (8-8)$

标准化孔隙度指标：$\Phi_z = \dfrac{\Phi_e}{1-\Phi_e}$ $\qquad (8-9)$

流动层带指标：$FZI = \dfrac{1}{\sqrt{F_S}\tau S_{gv}} = \dfrac{RQI}{\Phi_z}$ $\qquad (8-10)$

方程（8-9）两边取对数，可得：

$$\lg RQI = \lg\Phi_Z + \lg FZI \qquad (8-11)$$

在 RQI 与 Φ_Z 双对数关系图上，具有相同 FZI 值的所有样品将落在斜率为 1 的一条直线上，具有不同 FZI 值的样品将落在与之平行的直线上。

由式（8-5）和式（8-9）可导出：

$$K = 1014(FZI)^2 \frac{\Phi_e^3}{(1-\Phi)^2} \qquad (8-12)$$

令

$$\Phi_R = \frac{\Phi_e^3}{(1-\Phi_e)^2} \qquad (8-13)$$

可得：

$$K = 1014(FZI)^2\Phi_R \qquad (8-14)$$

两边取对数得：

$$\lg K = \lg\Phi_R + \lg 1014(FZI)^2 \qquad (8-15)$$

则 K 与 Φ_R 在双对数坐标上的关系为斜率为 1、截距为 $\lg 1014(FZI)^2$ 的直线，也说明具有相同 FZI 值的样品落在同一条直线上，属于同一流动单元。因此，层带流动指标 FZI 是流动单元划分的唯一参数，它可以在划分厚层流动单元过程中综合反映岩石的孔隙结构、成分及储层、沉积构造等地质特征。

储层流动层带指标可表示为：

$$FZI = \frac{RQI}{\Phi_z} = 0.0314\frac{1}{\sqrt{F_S}\tau s_{gv}} \qquad (8-16)$$

式中，$\sqrt{F_S}\tau s_{gv}$ 是一个关于多孔介质地质特征的函数，随孔喉特征及其性质变化。

因此，储层流动层带指标是一个把孔隙、矿物的地质特征和孔喉结构特征结合起来确定储层微观孔隙几何相特征的参数，它可以集中反映储层储集特征、渗流特征及其非均质特征。

三、流动单元划分方法

对于流动单元的研究方法，归纳起来主要有以下几种方法：沉积相（或露头）划分法、孔隙度—渗透率划分法、岩性物性划分法、流动带指数划分法、利用存储系统和储集系统划分法及动态划分法。由于流动单元的划分受沉积相、储层岩石物理相特征、成岩作用及岩石的孔隙结构等方面因素的共同控制，而且由于各油田的储层地质特征差异很大，所以选取正确的划分方法和选取表征其研究区地质因素的参数就显得极为关键。

（一）岩性—物性划分法

岩性–物性划分法，首先是将储层进行沉积分层，在沉积分层的基础上，再按岩石物理特征对其进行进一步的细分，一般用孔隙度、渗透率、厚度、有效厚度、泥质含量、流体饱和度、沉积构造及岩石颜色等对储层进行综合分析，用多元归一或聚类的方法确定流动单元的类型。

（二）流动层带指标划分法

流动层带指标划分法是根据前述 Kozehy—Carmen 方程由孔隙度和渗透率来求得。利用储层质量指标与标准化孔隙度指标(孔隙体积与颗粒体积之比)，利用式(8-15)求得流动层带指标。

由式(8-10)可知，在 RQI 与 Φ_z 双对数关系图上，具有相同 FZI 值的样品将落在同一直线，同一直线上的样品具有相同或相似的孔喉特征，构成同一个流动单元；具有不同的 FZI 样品落在与之平行的一组直线上，构造不同的流动单元。

四、流动单元井间预测方法

目前，用小层对比方法判断井间流动单元的连通或尖灭情况大多凭经验，导致许多偏差。预测井间流动单元是建立流动单元模型的难点，因为在一个单砂层内，由于渗流屏障的存在或储集层物性的差异，可能存在多个流动单元。为此，本书采用序贯指示模拟方法预测井间流动单元的分布。

（一）序贯指示模拟方法简介

序贯指示模拟是 Journel A G 和 Alabert F 提出的一种条件模拟，可以模拟连续变量和离散变量。考虑有 N 个互不相容的类型变量 $s_k(k=1, \cdots, N)$ 的空间分布，即任何位置 u 属于且只属于这 N 个类型中的一种。假定 $i(u: s_k)$ 是类型 s_k 的指示变量，如果 $u \subset s_k$，则 $i(u: s_k)$ 为 1，否则为 0。类型的互不相容性和穷尽性保证了下面关系的成立：

$$i(u: s_k) \quad i(u: s_k') = 0 \qquad \forall k \neq k'$$

$$\sum_{k=1}^{N} i(u: s_k) = 1 \tag{8-17}$$

指示变量在位置 u 处属于类型 s_k 的概率估计值为：

$$Prob = \{i(u: s_k) = 1 \mid (n)\}$$

$$= P_k + \sum_{a=1}^{n} \lambda_a [i(u: s_k) - P_k] \tag{8-18}$$

其中，P_k 是 s_k 的边缘频率；λ_a 是权值，求取公式是：

$$P_k = E\{(u: s_k)\} \subset [0, 1] = Prob\{Z(u) \leq z_k \mid (n)\} \tag{8-19}$$

$$C(u - u_a) = \sum_{\beta=1}^{n} \lambda_\beta(u) C(u_\beta - u_a) \quad a = 1, 2, \cdots, n \tag{8-20}$$

C 表示协方差运算关系，可以通过样品数据直接模拟得到。

将已知各位置 u 处的参数作为控制条件，便可预测出变量在空间任一位置为某种类型的概率值。在 u 的领域内忠实于所有已知数据。进行下一步模拟时，将模拟结果与原始数据一起作为控制条件。

（二）井间流动单元分布预测

很显然，从地质角度分析，流动单元是与空间位置有关的类型变量，确定其变量类型的主要条件是该处储集层的沉积、物性和流动性等参数。以工区内各井流动单元的划分结果为约束条件，通过序贯指示模拟，便可预测出流动单元的井间分布，从而建立流动单元的空间分布模型。在其流动单元划分结果领域中忠实于所有已知数据，预测出流动单元的井间分布。在进行下一步模拟时，则将模拟结果与原始数据一起作为控制条件，进行约束，从而建立流动单元的空间分布模型。

第二节　致密砂岩气藏岩石物理相流动单元"甜点"圈定准则

在确定目的层段储层岩石物理相流动单元"甜点"研究中，利用致密气储层地质条件对储层岩石物理相分类的控制作用，深入分析砂体结构与微观孔隙结构特征关系，利用砂体内部影响渗流的屏障和流体流动特征的差异，引入储层微观孔喉结构特征决定的岩石物理相流动单元流体流动特征。在同一岩石物理相流动单元内部，影响流体流动的地质参数相同，不同岩石物理相流动单元间则体现了岩性和岩石物理性质的差异性。

一、致密气藏天然气形成与分布

通过该区沉积模式以及生、储、盖有利成藏组合条件分析，该区盒8下期以及盒8上、山1、山2单斜背景上大型岩性圈闭主砂带上中粗粒砂岩辫状河心滩和曲流河边滩形成了最为有利的含气富集区。它们处于水浅水动力条件强、岩性粗的石英砂岩及岩屑石英砂岩（抗压实作用强、硅质胶结弱）最为有利沉积相带中，控制了该区大气田高效储层的规模和范围。它们以广覆式生气为特色，中粗粒砂岩为有效储层，稳定的单斜构造、致密砂岩的侧向封堵为背景，形成了十分优越的自生、自储、自盖为特色的大型气藏及其高效开发的工业性气层。特别是对于该区低孔、低渗、低压、低饱和度、低丰度的大型岩性气藏，明显有别于气田北部和西部层间水及滞留地层水物性较好部位出水特征。对于该类储层，天然气形成聚集并富集在相对高渗透砂岩储层中，高渗砂岩储层天然气充注起始压力低，运移阻力小，气容易驱替水而形成气层。而渗透性较差的储层天然气充注起始压力高，运移阻力大，气难以进入而形成气显示层、干层或气水层。特别是该区气源岩生气期偏早，主生气期持续时间长且距今时间较长，天然气散失量大，仍属于低效气源灶，后期气源供应不充足。从而在储层非均质条件下，气藏内部的分异性十分明显。非均质性控制下的差异充注成藏造成天然气主要富集于相对高孔、高渗一类岩石物理相砂岩储层中，差气层、气显示层多分布在物性较为致密的二、三类岩石物理相砂岩储层中。为此，有必要对该区老井资料进行挖掘和重新认识，评价划分不同类别致密气藏有效储层，进一步挖掘单井潜力层位，新增不同类型气层有效厚度和潜力层，为该区大气田增储上产提供可靠依据。

这次评价划分新增致密气藏有效储层的基本思路是在地层细分对比基础上，根据研究区盒8上、盒8下、山1、山2主力气层试气、测井、分析化验和生产动态资料对比分析，结合有利沉积成岩相带成藏主导控制因素条件，分析不同岩石物理相气层下限和评价标准，对研究区各单井主力气层盒8上、盒8下、山1、山2致密气藏储层进行重新认识评价，筛选新增不同类别岩石物理相含气层335个，含气层厚度1095.4m，其中新增一类岩石物理相气层81个，有效厚度294.0m；新增二类岩石物理相差气层70个，差气层厚度209.7m；新增三类岩石物理相气显示层184个，气显示层厚度591.7m。它们为该区致密气藏筛选圈定含气有利区提供最为详实可靠的基础资料。

二、致密气储层岩石物理相流动单元"甜点"及含气有利区圈定准则

岩石物理相流动单元"甜点"研究在致密气储层开发中具有十分重要意义，一般致密气层、差气层主要富集于一类、二类流动单元内，气显示层则赋存于分隔体中。研究分隔屏障的主要问题是要在剖面上将其划分出来，即对相应储集体进行细分岩石物理相流动单元，并尽可能描述出最小一级分隔体。为此，在该区致密气储层含气有利区分布及非均质特征研究中，精细地表征储层性质、分布及其对天然气渗流的影响，结合岩石物理相流动单元"甜点"储层特征与测井响应（含气测全烃）特征，把该区岩石物理相流动单元"甜点"划分为一类、二类、三类，即按渗流、储集和含气"甜点"控制能力及测井响应特征分为近期可开发（一类）、评价后可开发（二类）及勘探开发潜力区（三类）等三类含气有利区（表8-1）。

表8-1 研究区致密气储层岩石物理相流动单元"甜点"及测井响应分类标准表

甜点类别	物性参数			测井响应参数											气测全烃	试气		开发落实程度	
	孔隙度/%	渗透率/10^{-3} μm²	含气饱和度/%	密度/(g/cm³)	声波时差/(μs/m)	中子孔隙度/%	自然电位减小系数	自然伽马减小系数	钾含量减小系数	钍含量减小系数	铀含量减小系数	有效光电吸收截面减小系数	井径减小值/cm	电阻率/Ω·m		日产气/10^4 m³	日出水/m³	类别	程度
一类	10.2	0.73	52	2.476	243	11.8	0.627	0.870	0.776	0.891	0.881	0.649	-1.664	32.4	饱满型	≥1	<5	一类有利区	近期可开发
二类	9.5	0.27	50	2.51	235.3	12.7	0.589	0.891	0.720	0.877	0.900	0.643	-0.814	30.3	欠饱满型	1~0.1	<5	二类有利区	评价后可开发
三类	6.7	0.17	37	2.525	226.3	13.3	0.500	0.856	0.686	0.884	0.861	0.683	-1.389	31.0	欠饱满齿形	0.1~0.01	<5	三类有利区	开发潜力区

所谓一类预测含气有利区是指近期可开发气藏，它们处于有利的成藏控制因素和成藏组合条件下，位于中粗粒石英砂岩和岩屑石英砂岩单渗砂厚度在2m以上的心滩、边滩有利沉积成岩相带。该类储层具一类岩石物理相"甜点"特征，不但具较好物性及孔隙结构特征，储层参数与测井响应参数"六低两高"分布及标准趋于相对集中的较高范围，而且气测全烃曲线饱满，试气日产量在 $1 \times 10^4 m^3$ 以上，属已基本控制或探明的有效储层厚度、含气面积和储量。

二类预测含气有利区是指评价以后可开发的气藏，它们亦处于较为有利的成藏控制因素和成藏组合条件下，位于心滩、边滩及其河道滞留充填砂体较为有利的沉积成岩相带上。该类储层具二类岩石物理相"甜点"特征，具有一定的物性及孔隙结构特征，储层参数与测井

响应参数"六较低两较高"分布及标准趋于相对居中的较高范围，气测全烃曲线呈欠饱满形，试气日产量在$(1.0\sim0.1)\times10^4 m^3$，属于较明显控制因素的含气面积和储量。

三类预测含气有利区是指气藏滚动勘探开发潜力区，它们处于河道滞留充填砂体或天然堤、决口扇沉积成岩相带上。该类储层具三类岩石物理相特征，具有适当的物性及孔隙结构特征，储层参数与测井响应参数"五高三低"分布及标准区域相对集中的较低范围，气测全烃曲线呈欠饱满齿形，试气日产量在$(0.1\sim0.01)\times10^4 m^3$，属基本控制的含气面积和储量。

上述一类预测含气有利区为近期可开发气藏，为气田区块部署滚动开发井提供依据；二类预测含气有利区为评价后可开发气藏，为气田区块部署开发准备井提供依据；三类预测含气有利区作为气田区块部署滚动勘探开发的潜力区。

第三节　岩石物理相流动单元"甜点"分类参数指标及评价

分析该区40多口井近700个不同岩石物理相气层、差气层、气显示层及气水层、干层测井响应特征，结合该区致密气藏储层地质条件对岩石物理相流动单元及其"甜点"的控制作用，利用上述致密气储层岩石物理相分类特征（第五章）与流动单元"甜点"物性、测井响应、气测、试气及开发落实程度标准（表8-1），结合该区致密气储层参数所反映的渗流、储集及含气特征，选用流动层带指标、储能参数、单渗砂层厚度、气层有效厚度、含气层厚度、渗透率、孔隙度、含气饱和度等多种参数评价储层岩石物理相流动单元基本特征。

根据岩石物理相流动单元的概念，储集层采用流动层带指标（FZI）表征，它是一个把储层孔喉结构与矿物地质特征结合起来反映不同孔隙几何相的参数。储层流动层带指标（FZI）是利用储层质量指标与标准化孔隙度指标求出的。

储能参数是每口井在储量计算取值层段内有效厚度、有效孔隙度和含气饱和度的乘积，它反映了储层中纯气层厚度；单渗砂层厚度代表小层骨架砂体及其微相带的沉积能量；气层有效厚度反映达到工业气流下限标准的气层；含气层厚度反映气层、差气层及气显示层厚度；渗透率、孔隙度、含气饱和度反映储层物性特征。这些参数从不同角度显示该区储层渗流、储集及含气"甜点"等岩石物理相流动单元特征，采用灰色分析方法具体研究每类岩石物理相评价参数的界面以确定不同类别评价参数界限值，通过统计确定参数对不同类型岩石物理相的分布标准，并利用参数指标准确率与分辨率的组合分析，对各项参数赋予不同权值。从而，根据气田具体地质特征进行参数统计分析与调整，建立起研究区目的层段致密气藏储层岩石物理相流动单元"甜点"综合评价参数指标和权值（表8-2）。

表8-2　岩石物理相流动单元"甜点"综合评价指标

特征性参数	流动单元"甜点"评价标准			权　值
	一类	二类	三类	
流动层带指标	0.782	0.686	0.644	0.96
储能参数/m	0.165	0.048	0.005	0.99
单渗砂层厚度/m	5	2	0.5	0.95
气层有效厚度/m	3	1	0.2	0.96
含气层厚度/m	6	3	1	0.92

特征性参数	流动单元"甜点"评价标准			权 值
	一类	二类	三类	
渗透率/$10^{-3}\mu m^2$	0.73	0.27	0.17	0.96
孔隙度/%	10.5	9.5	6.7	0.83
含气饱和度/%	52.0	50.0	37.0	0.75

表 8-2 中，一类、二类、三类岩石物理相流动单元"甜点"明显反映致密气藏储层岩性、物性、含气性及流动层带参数分布特征差异，其评价参数标准与该区岩石物理相分类特征、含气有利区分类标准相吻合。

利用上述目的层段测井解释岩性、物性、含气性及流动层带参数，采用灰色理论岩石物理相"甜点"综合评价指标体系，分别对流动层带指标、单渗砂层厚度、储能参数、含气层厚度、气层厚度、渗透率、孔隙度、含气饱和度，进行被评价数据的综合分析处理。采用矩阵分析、标准化、标准指标绝对差的极值加权组合放大技术，利用灰色理论集成和综合上述致密气藏储层多种信息，实现目的层岩石物理相流动单元"甜点"的综合评价和定量分析，确定和划分致密气藏储层含气有利区的分布和特征。

第四节 致密砂岩气藏岩石物理相流动单元含气有利区综合评价

利用上述目的层段测井解释岩性、物性、含气性及流动层带参数，采用灰色理论岩石物理相流动单元"甜点"综合评价指标体系，分别对流动层带指标、单渗砂层厚度、储能参数、含气层厚度、气层厚度、渗透率、孔隙度、含气饱和度，进行被评价数据的综合分析处理。采用矩阵分析、标准化、标准指标绝对差的极值加权组合放大技术，利用灰色理论集成和综合上述致密气藏储层多种信息，实现目的层岩石物理相流动单元"甜点"的综合评价和定量分析(具体方法见第五章)，确定和划分致密气藏储层含气有利区的分布和特征。

一、山 2 层段曲流河含气有利区分析筛选

以该层段岩石物理相流动单元"甜点"与含气层厚度及试气产量拟合看出，该层段岩石物理相流动单元"甜点"主要分布发育在曲流河道滞留叠置砂体范围内，它们与含气层厚度等值线分布基本吻合。层段中岩石物理相"甜点"即含气有利区明显控制含气层厚度，其一类、二类"甜点"呈豆粒状、豆荚状分布发育在含气层中心部位，控制含气层主体范围。三类"甜点"呈条带状控制含气层范围，沿河道交叉连通，呈南北交织状展布，它们控制的含气层层数多、厚度大、分布范围广，宏观上反映出研究区广覆式生气和储气特色(图 8-1)。

再以一类、二类岩石物理相流动单元"甜点"与气层有效厚度及试气产量拟合看，一类、二类"甜点"与气层有效厚度等值线分布趋于吻合。其一类"甜点"发育在气层有效厚度圈定的范围内，由西向东分别沿河道发育召 65、苏东 13-61、苏东 16-52、召 7、召 15、召 4、召 51、苏东 6-68、苏东 11-69、苏东 18-69、苏东 20-73、苏东 18-84、统 27、召 73、苏东 13-89、统 25、苏东 20-90、统 21 等 18 个井区，气层有效厚度在 1.5m 或 1.5m 以上，试

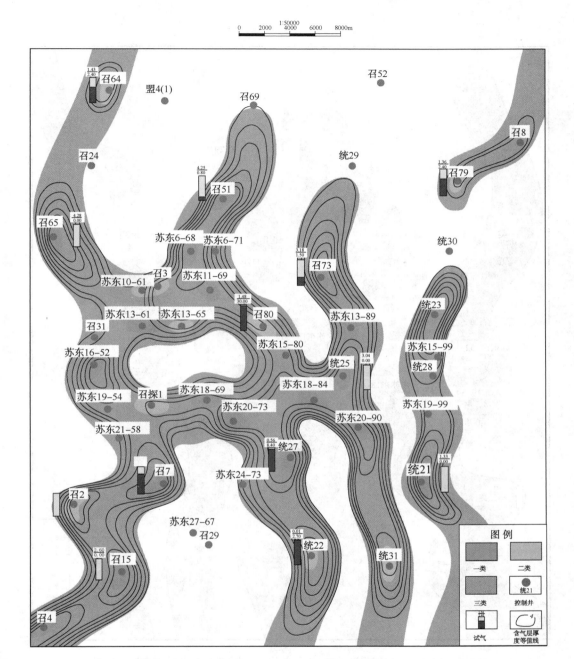

图 8-1　山 2 岩石物理相流动单元"甜点"与含气层厚度及试气产量拟合图

气产量在 $1×10^4 m^3/d$ 以上，成为该层段近期可开发的一类含气有利区。二类"甜点"发育在含气层或较差气层圈定范围内，由西向东沿河道发育召 64、苏东 10-61、苏东 13-65、召 2、召 80、统 22、统 31、召 79 等 8 个井区，气层或差气层厚度在 1.5m 以上，试气产量在 $0.1×10^4 m^3/d$ 以上，成为该层段评价后可开发的二类含气有利区(图 8-2)。

总体上，该层段一类、二类岩石物理相"甜点"规模小，分布零散，呈豆粒状、豆荚状分布。纵向上多期叠置，横向上连续性差，平面上叠置砂体由西向东分布 26 个含气有利区

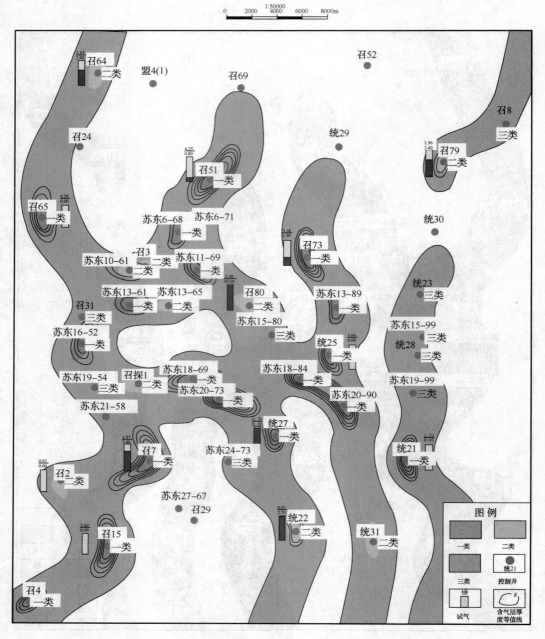

图 8-2　山 2 岩石物理相流动单元"甜点"与气层有效厚度及试气产量拟合图

（图 8-3），有利区储层宽度 1000m 左右，长度 2000～3000m，它们都具有明显的井层特征、控制因素及"甜点"指标。从而分别为该区气田区块部署滚动开发井和开发准备井提供了有利目标及井区。

二、山 1 层段曲流河含气有利区分析筛选

以岩石物理相流动单元"甜点"与含气层厚度及试气产量拟合分布图看出，该层段岩

石物理相流动单元"甜点"主要分布发育在曲流河道滞留叠置砂体范围内，它们与含气层厚度等值线分布基本吻合。层段中岩石物理相"甜点"即含气有利区明显控制含气层厚度，其一类、二类"甜点"呈豆粒状、豆荚状发育在含气层中心部位，控制含气层主体范围。三类"甜点"呈条带状控制含气层厚度范围，砂体沿河道交叉连通，呈交织状南北展布，它们控制的含气层层数多、厚度大、分布范围广，宏观上反映出研究区广覆式生气和储气特色(图8-4)。

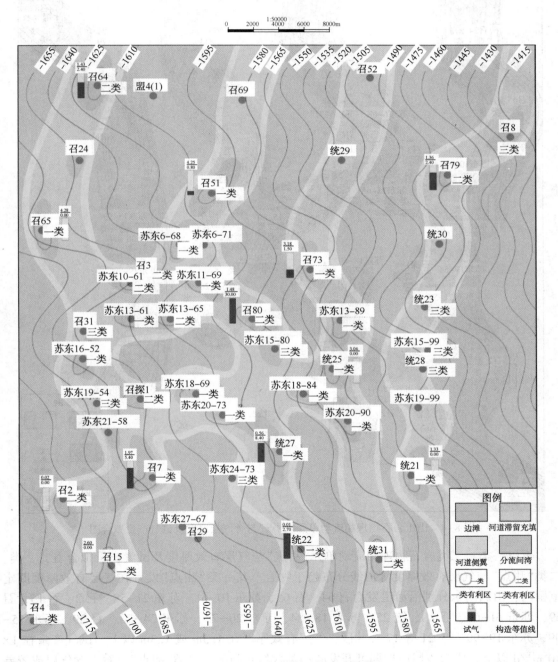

图8-3　山2含气有利区筛选成果图

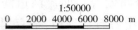

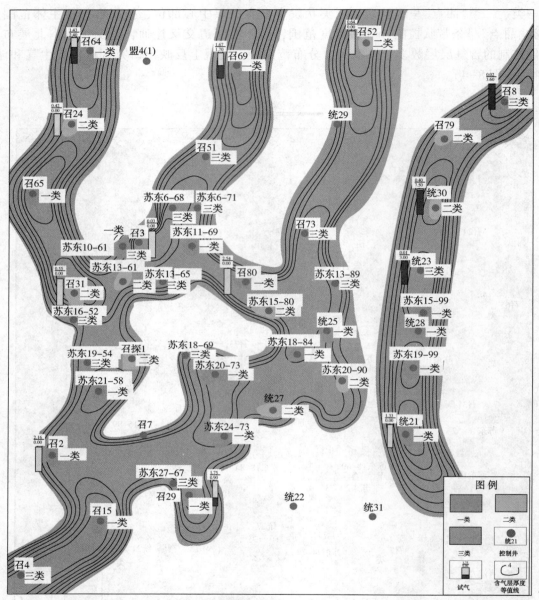

图 8-4　山 1 岩石物理相流动单元"甜点"与含气层厚度及试气产量拟合图

再以一类、二类岩石物理相流动单元"甜点"与气层有效厚度及试气产量拟合看，一类、二类"甜点"与气层有效厚度等值线分布趋于吻合。其一类"甜点"发育在气层有效厚度圈定范围内，由西向东分别沿河道发育召 64、召 65、苏东 10-61、苏东 21-58、召 2、召 15、召 69、苏东 11-69、召 80、统 25、苏东 18-84、苏东 20-73、苏东 24-73、召 29、苏东 15-99、苏东 19-99、统 21 等 17 个井区，气层有效厚度在 1.3m 或 1.3m 以上，试气产量在 $1 \times 10^4 m^3/d$ 以上，成为该层段近期可开发的一类含气有利区。二类"甜点"发育在含气层或较差气层圈定范围内,由西向东沿河道发育召 24、召 31、苏东 13-61、召探 1、召 52、苏东 15-80、苏东 20-90、统 27、召 79、统 30 等 10 个井区,气层或差气层厚度在 1.3m 以上,试气产量在 $0.1 \times 10^4 \text{m}^3/\text{d}$ 以上,成为该层段评价后可开发的二类含气有利区(图 8-5)。

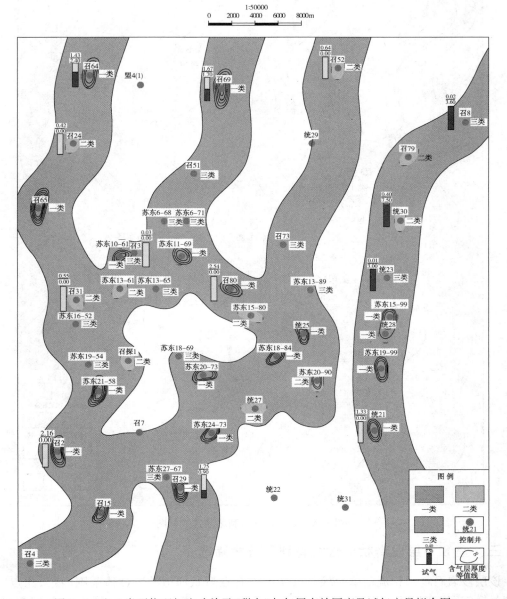

图 8-5 山 1 岩石物理相流动单元"甜点"与气层有效厚度及试气产量拟合图

总体上,该层段一类、二类岩石物理相"甜点"发育规模小,分布零散,主要呈豆粒状、豆荚状分布。它们纵向上多期叠置,横向上连续性又差,平面上由西向东一系列"甜点"范围形成 27 个一类、二类含气有利区(图 8-6),宽度在 1000m 左右,长度在 2000~3000m,具有明显的井层特征、控制因素及"甜点"评价指标。它们分别为该区气田区块部署滚动开发井和开发准备井提供依据,从而为致密气藏增储上产提供有利目标和井区。

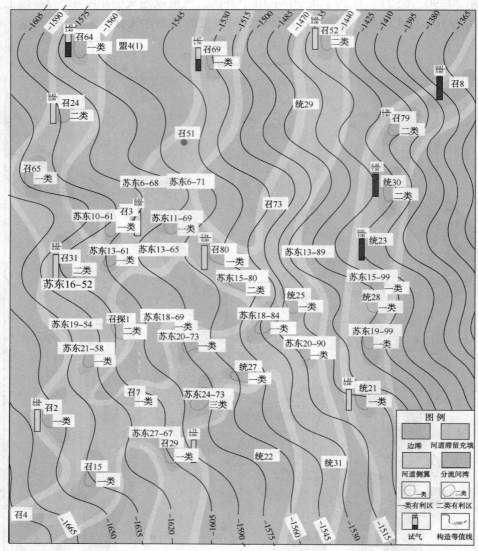

图 8-6　山 1 含气有利区筛选成果图

三、盒 8 下层段辫状河含气有利区分析筛选

该层段岩石物理相流动单元"甜点"主要发育在辫状河道叠置砂体范围内,"甜点"分布
范围与含气层厚度等值线分布基本吻合。层段中岩石物理相"甜点"即含气有利区明显控制
含气层厚度,其一类、二类"甜点"呈豆荚或弯曲短条带、串珠状发育在含气层中心部位,
控制含气层主体位置。三类"甜点"在河道呈镶边条带,在河道交汇处砂体交叉连片,纵向
上河道砂体多期叠置发育,控制含气层数多、叠置厚度大,形成规模和范围特别明显的广覆
式生气和储气特征(图 8-7)。

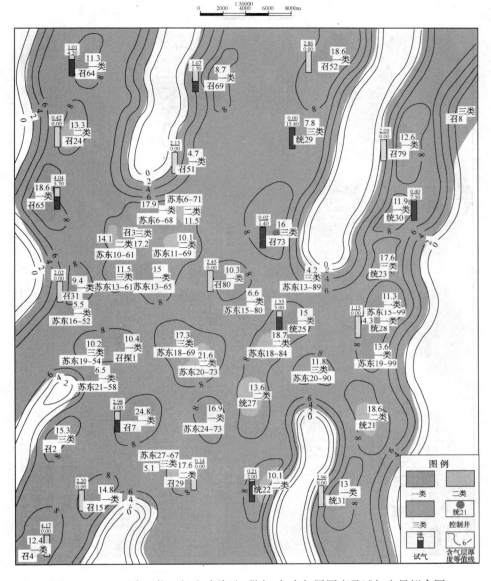

图 8-7　盒 8 下岩石物理相流动单元"甜点"与含气层厚度及试气产量拟合图

再以一类、二类岩石物理相流动单元"甜点"与气层有效厚度及试气产量拟合看，一类、二类"甜点"与气层有效厚度等值线分布趋于吻合。其一类"甜点"发育在气层有效厚度圈定范围内，由西向东河道发育召 64、召 65、召 31、召探 1、苏东 21-58、召 7、召 15、召 4、召 69、召 52、召 51、苏东 6-68、苏东 13-65、召 80、统 25、苏东 24-73、召 79、统 30、统 28、统 31 等 20 个井区，气层有效厚度在 1.5m 或 1.5m 以上，试气产量在 $1 \times 10^4 \mathrm{m}^3/\mathrm{d}$ 以上，成为该层段近期可开发的一类含气有利区。二类"甜点"发育在含气层或较差气层圈定范围内，由西向东沿河道发育召 24、苏东 10-61、苏东 6-71、苏东 11-69、苏东 20-73、召 29、苏东 18-84、统 27、统 22、统 21 等 10 个井区，气层或差气层厚度在 1.5m 以上，试气产量在 $0.1 \times 10^4 \mathrm{m}^3/\mathrm{d}$ 以上，成为该层段评价后可开发的二类含气有利区（图 8-8）。

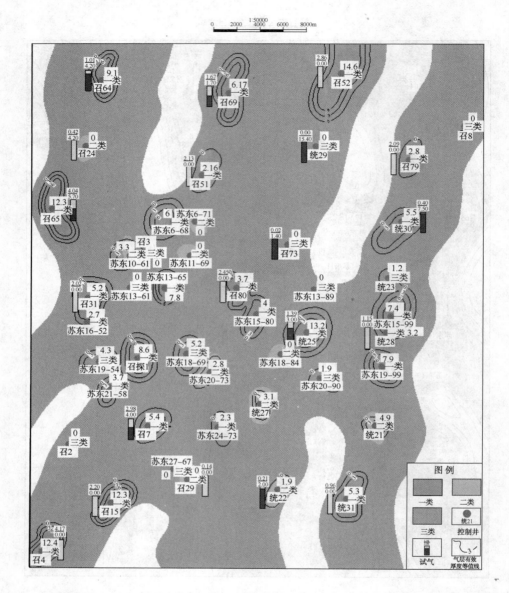

图 8-8　盒 8 下岩石物理相流动单元"甜点"与气层有效厚度及试气产量拟合图

　　该层段一类、二类岩石物理相"甜点"分布相对密集，主要呈大小不匀弯曲短条带、串珠状或豆荚状分布发育。它们平面上因纵向砂体多期叠置，砂体横向连片性较好，总体在平面上由西向东构成一系列规模相对较大"甜点"范围，形成 30 个一类、二类含气有利区（图8-9），一般宽度 1000～2000m，长度 2000～4000m，具有明显的井层特征、控制因素及"甜点"评价指标。特别值得注意的该层段辫状河道间发育一定规模分流堤岸对河道砂有封堵和分隔作用，同一"甜点"范围叠置可形成不同的独立气藏，多个河道"甜点"范围叠置可形成多个相对独立气藏并存，它们都为该区气田区块部署滚动开发井和开发准备井提供有利目标和井区。

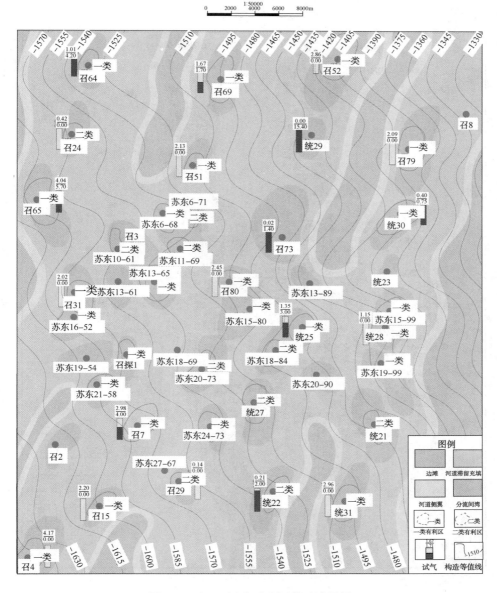

图8-9 盒8下含气有利区筛选成果图

四、盒8上层段曲流河含气有利区分析筛选

以岩石物理相流动单元"甜点"与含气层厚度及试气产量拟合看出，该层段岩石物理相流动单元"甜点"主要发育在曲流河道滞留叠置砂体范围内，它们与含气层厚度等值线分布范围基本吻合。层段中岩石物理相"甜点"即含气有利区明显控制含气层厚度，其一类、二类"甜点"呈豆粒状、豆荚状分布发育在含气层中心部位，控制含气层主体范围。三类"甜点"呈条带状控制整个含气层范围，它沿河道交叉连通，呈南北交织状展布，整体控制的含气层层数多、厚度大，分布范围广，宏观上反映出研究区广覆式生气和储气特征（图8-10）。

171

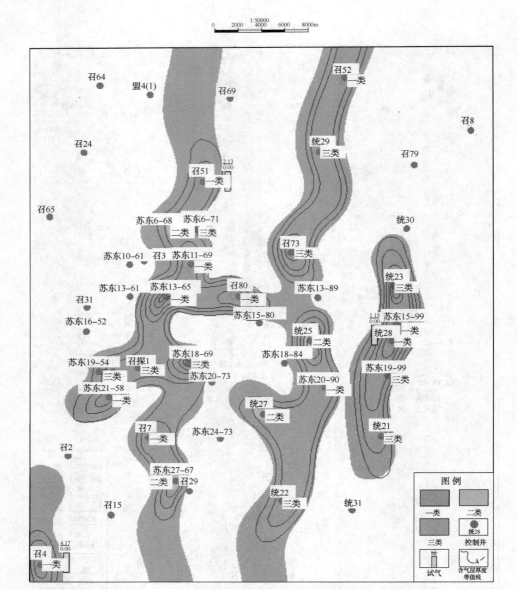

图 8-10　盒 8 上岩石物理相流动单元"甜点"与含气层厚度及试气产量拟合图

再以一类、二类岩石物理相流动单元"甜点"与气层有效厚度及试气产量拟合看，一类、二类"甜点"与气层有效厚度等值线分布趋于吻合。其一类"甜点"发育在气层有效厚度圈定范围内，由西向东分别沿河道发育召 51、苏东 11-69、苏东 13-65、召 80、苏东 21-58、召 7、召 4、召 52、苏东 20-90、统 28 等 10 个井区，气层有效厚度在 1.0m 或 1.0m 以上，试气产量在 $1 \times 10^4 m^3/d$ 以上，成为该层段近期可开发的一类含气有利区。二类"甜点"发育在含气层或较差气层圈定范围内，由西向东沿河道发育苏东 6-68、苏东 27-67、统 25、统 27 等 4 个井区，气层或差气层厚度在 1.0m 以上，试气产量在 $0.1 \times 10^4 m^3/d$ 以上，成为该层段评价后可开发的二类含气有利区（图 8-11）。

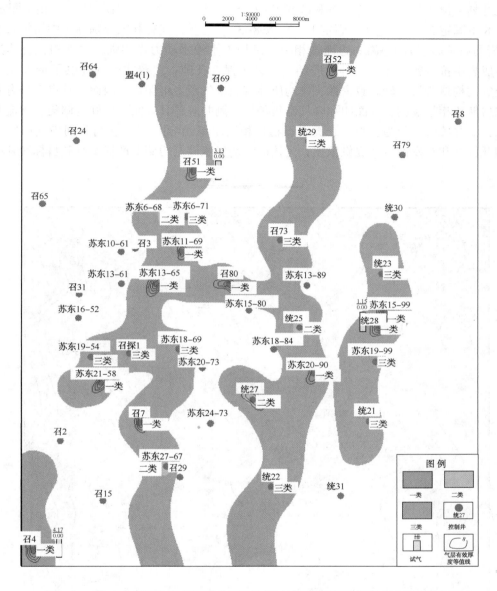

图 8-11 盒 8 上岩石物理相流动单元"甜点"与气层有效厚度及试气产量拟合图

该层段一类、二类岩石物理相"甜点"分布更加零散,主要呈大小不匀的豆粒状、豆荚状分布发育。它们纵向上多期叠置,横向上连续性又差,总体在平面上由西向东构成一系列"甜点"范围,形成 14 个一类、二类含气有利区(图 8-12),宽度 1000m 左右,长度 1500~3000m,具有明显的井层特征、控制因素及"甜点"评价指标,从而为该区气田区块部署滚动开发井和开发准备井提供有利目标和井区。

五、致密气藏含气有利区分析筛选成果

通过上述山 2、山 1、盒 8 下、盒 8 上主要含气目的层段含气有利区分析预测,分别层

位筛选并划分出一类、二类含气有利区气藏 97 个，其中在山 2 筛选圈定 26 个，山 1 圈定 27 个，盒 8 下圈定 30 个，盒 8 上圈定 14 个（表 8-3）。这些含气有利区分别处于中粗粒石英砂岩（含岩屑石英砂岩）的心滩、边滩微相中，沉积中水浅水动力作用强，岩性粗，流体渗流较好；成岩中抗压实作用强，硅质胶结弱，易于保存孔隙；广覆式生气提供了最大泄气面积；稳定的构造背景、砂岩致密性、非均质性有利于气藏聚集保存。因而，具有十分有利的沉积成岩储集相带及其含气圈闭和含气富集条件，测井解释具有明显较好的储集、渗流和含气特征，测井综合评价为一类、二类岩石物理相流动单元"甜点"，它们分别为气田区块部署滚动开发井和开发准备井提供依据，为该区致密气藏储层增储上产提供有利目标和井区。

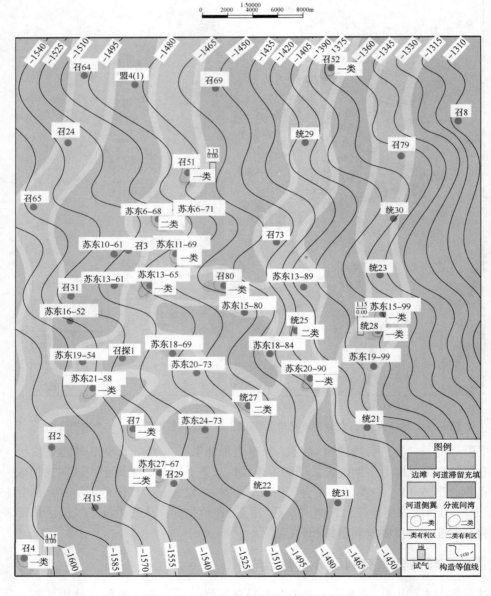

图 8-12　盒 8 上含气有利区筛选成果图

表8-3　苏东研究区致密气藏含气有利区筛选成果表

序号	层位	一类含气有利区			二类含气有利区			数量
		数量	井区名	位置及形态	数量	井区名	位置及形态	
1	山2	18	召65、苏东13-61、52、召7、召15、召4、召51、苏东6-68、苏东11-69、召69、苏东18-69、苏东20-73、苏东18-84、召73、苏东13-89、统25、召27、苏东20-90、统21	多数呈豆豆粒状、豆荚状集中分布于中部河道交汇处，西部顺沿河道呈分散状分布了5个	8	召64、苏东10-61、苏东13-65、召80、召2、统22、统31、召79	分布较分散，呈豆粒状散落于河道中	26
2	山1	17	召64、召65、苏东21-58、召2、召15、召69、苏东11-69、召80、统25、苏东4、苏东24-73、苏东20-73、召29、苏东15-99、统28、19-99、统21	呈豆粒状、豆荚状分布于西部、东部河道中和中部河道交汇处	10	召24、召31、苏东13-61、召探1、召52、苏东15-80、苏东20-90、统27、召79、统30	呈豆粒状分布于西中部河道交汇处，有4个散落于北部和东部河道中	27
3	盒8下	20	召64、召31、召探1、苏东21-58、召7、召15、召4、召69、苏东6-68、召52、苏东51、统25、苏东13-65、召80、召79、统30、苏东24-73、统28、统31	呈豆荚状、短条带状、串珠状较密集分布于群体河道	10	召24、苏东10-61、苏东6-71、苏东11-69、苏东18-84、苏东20-73、召29、统27、统22、统21	呈豆粒状、豆荚状较集中分布于中部砂体中	30
4	盒8上	10	召51、苏东11-69、召80、苏东21-58、召7、召4、召52、苏东20-90、统28	呈豆粒状、豆荚状分布于中部河道，在西南、东北河道中各分布了1个	4	苏东6-68、苏东27-67、统25、召27	呈豆粒状较分散分布于中部和东部河道交汇处	14
合计		65			32			97

第九章　致密砂岩气藏试气产能预测技术

针对致密气储层受多期沉积、成岩及构造等因素影响，形成了该区广为发育的复杂孔隙结构非均质致密气储层流动层带，影响储层渗流和产能因素很多。利用致密气储层质量及其渗流结构最重要的孔渗关系，提出储层合理产能参数、储层质量指标、流动层带指标、储能参数、气层有效厚度、渗透率、单渗砂层能量厚度、含气饱和度及其泥质含量综合评价储层试气产能。依据灰色理论致密气储层试气产能预测的分析方法及评价准则，利用不同角度计算的试气产能评价参数及其分类参数指标准确率、分辨率权衡提取致密气储层质量、渗流及产能信息，对该区 83 口井 138 个试油层段进行了试气产能预测检验，68 口井 115 个试气产能评价预测结果与试气产能结果相吻合，试气产能预测符合率达到 83.3%。从而，有效地克服了渗流机理不符合达西产能预测方法和流动层带局部参数不能准确表征复杂渗流特征造成产能评价的失误，最大限度地提升致密气储层试气产能预测的定量评价能力，为该类致密气储层产能预测提供出十分有效的信息和分析方法。

第一节　致密砂岩气藏产能预测的影响因素分析

油气试油气产能预测是一种对储层产油气能力进行综合性评价的技术，一般说来，产能是油气储层动态特征的一个综合指标，它是油气储层生产潜力和各种影响因素之间互相制约过程中达到的某种动态平衡，利用测井储层评价手段所获取的储层参数，主要反映的是储层的静态特征，而对其动态特征极少直接反映。利用测井资料进行储层产能预测研究工作的主要目的，就是力图做到这种"静态"到"动态"的转变。

一、油气储层产能预测基本分析方程

在油气田开采过程中，油气井稳定日产量与生产压差符合平面径向流达西产量公式：

$$Q = \frac{C \cdot K \cdot K_{ro} \cdot H \cdot \Delta P}{\beta_o \cdot \mu_o \cdot \lg\left(\dfrac{r_e}{r_\omega} + S\right)} \tag{9-1}$$

式中　Q——油气井的稳定日产量，m^3；

　　　C——单位换算系数，取 0.54287；

　　　K——有效渗透率，$10^{-3}\mu m^2$；

　　　K_{ro}——相对渗透率；

　　　H——油气层有效厚度，m；

　　　ΔP——油气井生产压差，MPa；

　　　μ_o——地层油气黏度，$mPa \cdot s$；

　　　β_o——油气体积系数，无因次；

　　　r_e——油气井供油半径，m；

r_ω——油气井半径，m；

S——表皮系数，无因次。

通常，把单位压差下采油气指数定义为储层的产能：

$$J_o = \frac{Q}{\Delta P \cdot H} = \frac{C \cdot K \cdot K_{ro}}{\beta_o \cdot \mu_o \cdot \lg\left(\dfrac{r_e}{r_\omega} + S\right)} \qquad (9-2)$$

由式（9-2）可以看出，油气储层产能主要与储层性质、油气性质以及供油气半径等因素有关，在矿场实际生产中，受油气田开发井网限制，不同的油气井供给半径不会有太大差异，因此在同一油气田：

$$令：A = C / \left[\beta_o \cdot \mu_o \cdot \lg\left(\frac{r_e}{r_\omega} + S\right)\right]$$

则：

$$J_o = A \cdot K \cdot K_{ro} \qquad (9-3)$$

通过相对渗透率与含水饱和度函数关系分析，则有：

$$K_{ro} = \frac{e\,(abR_\omega)^{\frac{f}{n}}}{R_t^{\frac{f}{n}} \phi^{\frac{mf}{n}}} \qquad (9-4)$$

在一个油气区深度变化不大的同一层系地层中，地层水电阻率 R_ω 和 a、b、m、n 及其 e、f 基本为一定值，令：

$$A_1 = e\,(abR_\omega)^{\frac{f}{n}}$$

$$A_2 = \frac{f}{n}$$

$$A_3 = \frac{mf}{n}$$

储层油气产能（每米采油气指数）的数学方程可表示为：

$$J_o = \frac{AA_1 K}{R_t^{A_2} \phi^{A_3}} \qquad (9-5)$$

式中，油气产能主要受控于储层有效渗透性、储集性及其电性曲线响应特征。

一般对于中高孔渗储层，在其矿场实际生产中，受特定开采区块内开发井网和作业方式的限制，外部环境条件和油气性能等都是相对固定不变的，油气水渗流基本符合上述达西产能预测分析方程，即利用油气层孔隙度、渗透率及其电性（测井）响应基本能够预测油气产能。

二、致密气储层微观孔隙结构特征、孔渗关系和流动层带指标

镜下薄片鉴定表明，该区盒 8、山 1、山 2 岩性成分复杂多变，主要为一套岩屑石英砂岩，还有部分岩屑砂岩及少量石英砂岩。在岩屑石英砂岩中，石英、岩屑、长石的体积分数分别为 39.3%~98.5%、4.3%~60.7%、0~15.4%；在碎屑颗粒中，岩屑以千枚岩、变质砂岩、石英岩为主，体积分数较高，平均为 25.9%；填隙物以硅质、铁方解石、高岭石、水云母为主，见少量绿泥石、菱铁矿、凝灰质和铁白云石，体积分数 6%~30%，平均在 14%；岩石普遍含云母，泥质杂基体积分数最高可达 15%。

该区储层在成岩过程中孔隙度、渗透率变化大，尤其是微观孔隙结构的喉道几何形状、大小及连通性发生了趋于致密的较大变化，微观孔隙类型组合复杂，孔喉排驱压力、中值压力高，孔喉分选系数，变异系数和均值系数分布范围大，最大孔喉半径、退汞效率和结构综合参数偏低且分布范围大，微观孔隙结构参数特征差，导致储层非均质性强、渗流结构差、储层渗透率低于 $0.5×10^{-3}\mu m^2$。因此，在该类孔隙类型、结构造成渗流机理特别复杂的致密气储层产能预测中，气水渗流机理不符合上述达西产能预测方程，即利用储层孔隙度、渗透率及电性参数不能准确预测油气产能。为此，引入岩石物理相流动单元精细地表征砂体内部影响渗流屏障和流体流动特征，利用致密气储层流动单元内部连续分布储集体相同岩石物理性质和渗流能力特征，对油气储层采用储层质量指标（RQI）和流动层带指标（FZI）表征。针对储层岩石物理相流动单元往往受储层矿物成分和渗流结构控制，可以根据储层孔喉结构特征划分流动特征为不同流动单元。在其致密气储层储集空间中，利用储层质量及渗流结构最重要的孔渗关系，可以把储层孔隙、矿物地质特征与孔隙结构特征结合起来评价储层质量和油气产能。

第八章中储层质量指标和流动层带指标中的孔渗关系反映出微观孔隙结构中有效喉道数量及分布，它们把储层孔隙结构与矿物地质特征结合起来，有效地反映油气储层质量、渗流特征，成为该区致密气储层试气产能预测的重要指标。

第二节　致密砂岩气藏试气产能预测评价参数及指标体系

实际影响致密气储层渗流和试气产能的因素很多，利用上述单一或局部参数值不能准确表征超低渗储层产能，例如相对高孔高渗与低孔低渗计算储层质量指标及其流动层带指标都相差不大。因此，针对该区致密气储层储集空间及其孔渗关系，着重分析目的层段广为发育的相对高孔低渗、中孔低渗和低孔低渗复杂孔隙结构储层质量及渗流结构，提出致密气储层合理产能参数、储层质量指标、流动层带指标、储能参数、气层有效厚度、渗透率、单渗砂层能量厚度、含气饱和度及其泥质含量等多种参数评价预测致密气储层质量及其试气产能。

根据该区致密气储层储集空间、渗流机理及其复杂孔隙结构流动层带概念，合理产能参数是把每口井气层有效厚度与渗透率组合起来，以它们乘积反映有效储层产能大小及分布；储层质量指标是把每口井气层渗透率与孔隙度组合起来，以它们的比值反映有效储层质量及产能；流动层带指标则把每口井气层质量指标与孔隙度组合起来，从而反映出微观孔喉结构有效喉道及宏观产能分布；储能参数把每口井储量计算取值段内气层有效厚度、含气饱和度和有效孔隙度组合起来，以它们乘积反映有效储层中纯气厚度及产能；气层有效厚度及渗透率分别反映达到工业气流标准的油气层与渗流特征；单渗砂层能量厚度代表层段河流三角洲骨架砂体有利微相带沉积能量；含气饱和度与泥质含量反映致密气储层含气及岩性状况。显然上述参数从不同角度反映出致密气储层质量、渗流特征及产能，它们组合起来可以分类表征和提取致密气储层产能信息。

利用该区致密气储层代表性取心井岩心分析、试气和测井二次解释成果计算上述 9 类评价参数，利用灰色理论储层试气产能预测的分类原则及方法，分析统计试气产能与试采产能关系，通过试采工业气流产能统计试气产能平均数据列，把该区储层试油产能划分为 A、B、C 较高产能、中产能和低产能三种类型（A、B 类产能达到工业气流标准）（表9-1）。

表 9-1　研究区致密气储层试气产能预测划分等级表

试 气 产 能	类　　型	日产气量/($10^4\mathrm{m}^3/\mathrm{d}$)	每米日产气量/[$10^4\mathrm{m}^3/(\mathrm{d}\cdot\mathrm{m})$]	类　　别
较高产能	A	>2	>0.6	工业气流
中产能	B	1～2	0.2～0.6	工业气流
低产能	C	0.1～1	<0.2	差气流

通过研究表中每类产能评价参数的界面数值，分别统计致密气储层各类试气产能评价参数特征值，采用统计平均数据列为试气产能评价划分指标：

$$X_{0i} = \{X_{01}(1)，X_{02}(2)，\cdots X_{0i}(n)\} \tag{9-6}$$

式中　X_{0i}——储层试气产能评价标准数据列；

　　　n——储层试气产能评价参数，$n=9$；

　　　i——1，$\cdots$，m；

　　　m——储层试油产能划分等级数，$m=3$。

根据该区目的层段计算的 9 类评价参数值及其试气等级落实程度，对各类参数指标进行匹配、统计和调整，利用参数指标准确率与分辨率组合分析各项参数特征赋予不同权系数。

合理产能参数值有效反映致密气储层试气产能大小，分类标准具有明显最高准确率及分辨率，赋予最大权值；储层质量指标和流动层带指标体现出致密气储层质量及渗流特征，分类标准也具明显高准确率及分辨率，分别赋予高权值；储能参数反映超致密气储层中纯气层厚度及产能，分类标准具明显很高的准确率及分辨率，赋予足够大权值；单渗砂层能量厚度、气层有效厚度、渗透率分别反映骨架砂体沉积能量和工业气流及渗流特征，依据相对较高准确率与分辨率，分别赋予较高权值；含气饱和度及泥质含量分类标准也依相应准确度和分辨率赋予适当权值。从而，依据气田区块地质特征、生产状况与试气产能分析方法及准则，建立起该区致密气储层试气产能综合评价预测指标体系(表9-2)。

表 9-2　研究区致密气储层试气产能综合评价预测指标体系

特征性评价参数	试气产能综合评价预测标准			权系数
	A	B	C	
合理产能参数/$10^{-3}\mu\mathrm{m}^2\cdot\mathrm{m}$	2.05	1.00	0.08	0.99
储层质量指标	0.075	0.052	0.040	0.95
流动层带指标	0.95	0.78	0.47	0.94
储能参数/m	0.35	0.13	0.02	0.93
单渗砂层能量厚度/m	6.8	4.5	1.5	0.81
气层有效厚度/m	6.4	4.0	0.8	0.83
渗透率/$10^{-3}\mu\mathrm{m}^2$	0.45	0.25	0.10	0.82
含气饱和度/%	56	50	37	0.75
泥质含量/%	12	16	20	0.70

表 9-2 中，参数指标集中反映致密气储层渗流质量和生产能力，其中 A、B 类试气产能达到工业气流标准，其产能统计综合评价预测指标从不同角度以不同程度提取出致密气有效储层质量、渗流特征及产能信息。从而，利用它们的匹配组合建立的指标体系有效地克服了

致密气储层渗流机理不符合达西产能预测方法的失误。

第三节　致密砂岩气藏试气产能预测技术实际应用与综合评价

利用上述致密气储层试气产能分析方法、评价参数、划分级别和预测评价指标体系，采用灰色理论致密气储层试气产能预测综合评价方法，进行被评价数据的综合分析处理。采用矩阵分析、标准化、标准指标绝对差的极值加权组合放大技术，计算灰色多元加权系数，采用综合归一技术及最大隶属原则，从而，利用灰色理论有效集成和提取致密气储层质量、渗流及产能的多种信息，实现对该区致密气储层试气产能的综合评价和定量分析。

基于上述致密气储层试气产能综合评价指标体系，利用灰色多元加权综合评价方法，对该区 83 口井 138 个试气层段进行了试气产能预测检验，68 口井 115 个试气产能层段评价预测结果与试气产能结果相吻合，试气产能预测符合率达到 83.3%。

图 9-1 为召 51 井山 2 段曲流河致密气储层产能预测综合评价处理成果图，该井山 2 段储层 2932.5~2945.0m 井段，测井二次解释有效厚度 12.5m，渗透率 $0.47×10^{-3}\mu m^2$，孔隙度 7.5%，含气饱和度 55.2%，合理产能参数 $5.89×10^{-3}\mu m^2 \cdot m$，储层质量指标 0.079，流动层带指标 0.98，储能参数 0.52m，单渗砂层能量厚度 12.5m，泥质含量 10.5%，利用上述试气产能综合评价指标体系的灰色多元加权评价处理为 A 类较高产能气层，该层段中部的 2937.0~2941.0m 射孔试气，日产气 $4.25×10^4 m^3$，每米日产气 $1.06×10^4 m^3$，评价出致密气储层试气产能预测结果与试气产能结果相吻合（图 9-1）。

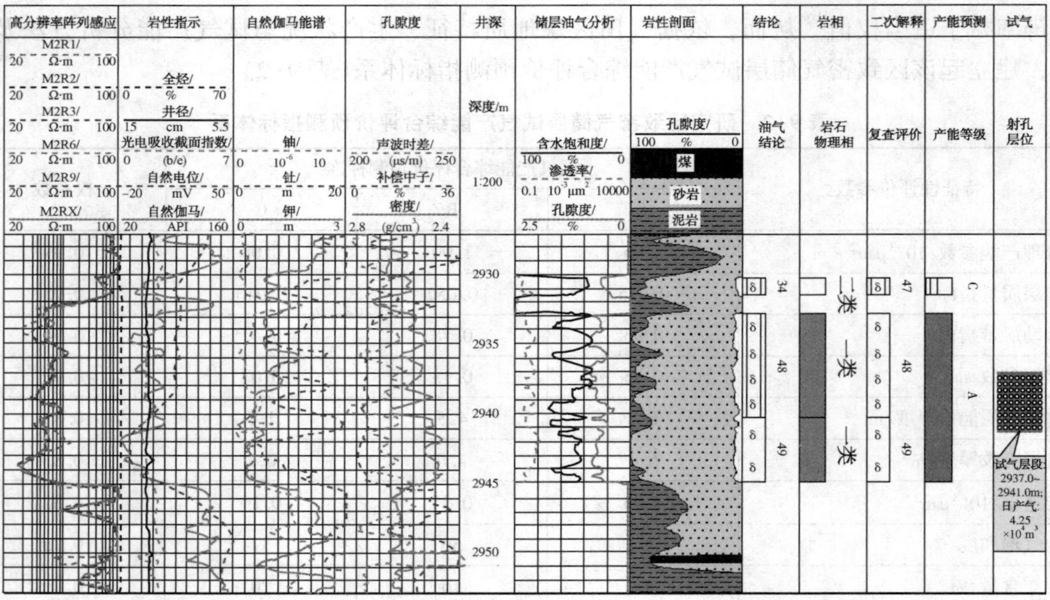

图 9-1　召 51 井山 2 段曲流河致密气储层产能预测综合评价处理成果图

图 9-2 为统 21 井山 1 段曲流河致密气储层产能预测综合评价处理成果图，该井山 1 段储层 2852.5~2856.5m 井段，测井二次解释有效厚度 4.0m，渗透率 $0.31×10^{-3}\mu m^2$，孔隙度

7.0%，含气饱和度 49.2%，合理产能参数 $1.24 \times 10^{-3} \mu m^2 \cdot m$，储层质量指标 0.066，流动层带指标 0.88，储能参数 0.138m，单渗砂层能量厚度 4.0m，泥质含量 13.3%，利用上述试气产能综合评价指标体系的灰色多元加权评价处理为 B 类中产能气层，该层段中部的 2852.5～2856.0m 射孔试气，日产气 $1.33 \times 10^4 m^3$，每米日产气 $0.38 \times 10^4 m^3$，评价出致密气储层试气产能预测结果与试气产能结果相吻合（图 9-2）。

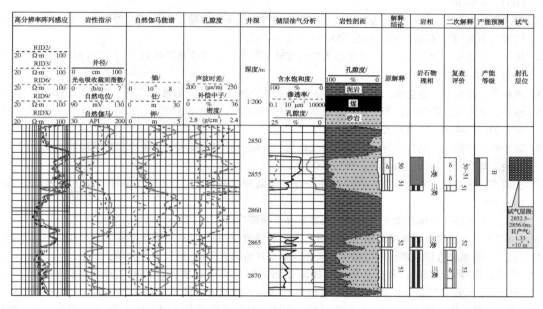

图 9-2　统 21 井山 1 段曲流河致密气储层产能预测综合评价处理成果图

参 考 文 献

[1] 邹才能，陶士振，白斌，等．论非常规油气与常规油气的区别和联系[J]．中国石油勘探，2015，20（01）：1-16.

[2] 邹才能，杨智，朱如凯，等．中国非常规油气勘探开发与理论技术进展[J]．地质学报，2015，89（06）：979-1007.

[3] 邹才能，朱如凯，吴松涛，等．常规与非常规油气聚集类型、特征、机理及展望——以中国致密油和致密气为例[J]．石油学报，2012，33(02)：173-187.

[4] 杨华，付金华，刘新社，等．苏里格大型致密砂岩气藏形成条件及勘探技术[J]．石油学报，2012，33（S1）：27-36.

[5] 魏新善，胡爱平，赵会涛，等．致密砂岩气地质认识新进展[J]．岩性油气藏，2017，29(01)：11-20.

[6] 杨华，王大兴，张盟勃，等．鄂尔多斯盆地致密气储集层孔隙流体地震预测方法[J]．石油勘探与开发，2017，44(04)：513-520.

[7] 邹才能，张国生，杨智，等．非常规油气概念、特征、潜力及技术——兼论非常规油气地质学[J]．石油勘探与开发，2013，40(04)：385-399+454.

[8] 魏国齐，张福东，李君，等．中国致密砂岩气成藏理论进展[J]．天然气地球科学，2016，27(02)：199-210.

[9] 景成．苏里格气田东部致密气藏储层测井解释方法研究[D]．西安石油大学，2012.

[10] 何羽飞．苏里格气田东部致密气藏测井技术系列评价应用研究[D]．西安石油大学，2012.

[11] 张亮．苏里格气田东部致密气藏沉积微相及储层评价研究[D]．西安石油大学，2012.

[12] 景成，蒲春生，周游，等．基于成岩储集相测井响应特征定量评价致密气藏相对优质储层——以SULG东区致密气藏盒8上段成岩储集相为例[J]．天然气地球科学，2014，25(05)：657-664.

[13] 景成，蒲春生，宋子齐，等．SLG东区致密气储层最佳匹配测井系列优化评价[J]．测井技术，2014，38(04)：443-451+457.

[14] 景成，宋子齐，蒲春生，等．基于岩石物理相分类确定致密气储层渗透率——以苏里格东区致密气储层渗透率研究为例[J]．地球物理学进展，2013，28(06)：3222-3230.

[15] 景成，蒲春生，俞保财，等．GGY油田特低渗透储层沉积微相测井多参数定量评价[J]．测井技术，2016，40(01)：65-71.

[16] 宋子齐，景成，庞玉东，等．基于岩石物理相分类确定致密储层孔隙度——以苏里格气田东区为例[J]．天然气工业，2013，3308：31-37.

[17] 宋子齐，景成，庞玉东，等．致密气储层参数精细建模的测井分析方法[J]．国外测井技术，2014，03：15-19+3.

[18] 宋子齐，王瑞飞，孙颖，等．基于成岩储集相定量分类模式确定特低渗相对优质储层——以AS油田长6_1特低渗透储层成岩储集相定量评价为例[J]．沉积学报，2011，2901：88-96.

[19] 宋子齐，景成，孙宝佃，等．自然电位、自然伽马测井曲线在文15块的应用[J]．断块油气田，2011，1801：130-133.

[20] 宋子齐，何羽飞，孙宝佃，等．文15块沙三上段油层水淹模式及其测井解释[J]．断块油气田，2011，1803：346-351.

[21] 宋子齐，张亮，孙宝佃，等．利用测井资料评价有利沉积微相带划分油层有效厚度[J]．测井技术，2011，3503：275-280.

[22] 宋子齐，孙宝佃，景成，等．利用测井资料评价有利沉积相带及其储量分布[J]．地球物理学进展，2011，2601：279-286.

[23] 宋子齐，成志刚，孙迪，等．利用岩石物理相流动单元"甜点"筛选致密储层含气有利区——以苏里

格气田东区为例[J]. 天然气工业，2013，33（01）：41-48.

[24] 宋子齐，程英，霍威，等. 利用流动单元圈定含油有利区[J]. 油气地质与采收率，2008（02）：1-4+111.

[25] 宋子齐，王桂成，赵宏宇，等. 利用单渗砂层能量厚度研究有利沉积微相及其含油有利区的方法[J]. 沉积学报，2008（03）：452-458.

[26] 宋子齐，唐长久，刘晓娟，等. 利用岩石物理相"甜点"筛选特低渗透储层含油有利区[J]. 石油学报，2008（05）：711-716.

[27] 宋子齐，王静，路向伟，等. 特低渗透油气藏成岩储集相的定量评价方法[J]. 油气地质与采收率，2006（02）：21-23+104.

[28] 宋子齐，程国建，王静，等. 一种特低渗透油层有效厚度标准研究[J]. 大庆石油地质与开发，2006（05）：50-52+56+122.

[29] 宋子齐，赵宏宇，唐长久，等. 利用测井资料研究特低渗储层的沉积相带[J]. 石油地质与工程，2006（06）：18-21+25+5-6.

[30] 宋子齐，程国建，杨立雷，等. 利用测井资料精细评价特低渗透储层的方法[J]. 石油实验地质，2006（06）：595-599.

[31] 宋子齐，程国建，王静，等. 特低渗透油层有效厚度确定方法研究[J]. 石油学报，2006（06）：103-106.

[32] 宋子齐，于小龙，丁健，等. 利用灰色理论综合评价成岩储集相的方法[J]. 特种油气藏，2007（01）：26-29+105.

[33] 宋子齐，杨立雷，王宏，等. 灰色系统储层流动单元综合评价方法[J]. 大庆石油地质与开发，2007（03）：76-81.

[34] 宋子齐，潘艇，程英，等. 利用测井曲线研究沉积微相及其含油有利区展布[J]. 中国石油勘探，2007（04）：37-41+7.

[35] 宋子齐，刘青莲，郭睿，等. 灰色系统评价特低渗透油藏方法研究及应用[J]. 油气地质与采收率，2004（01）：1-3+81.

[36] 宋子齐，白振强，陈荣环，等. 陕北斜坡东部低渗透储集层的有利沉积相带[J]. 新疆石油地质，2004（06）：588-591.

[37] 宋子齐，谭成仟，夏克文. 灰色理论精细评价油气储层的标准和权系数[J]. 地质论评，1996，42（S1）：341-348.

[38] 宋子齐，谭成仟，曲政. 利用灰色理论精细评价油气储层的方法[J]. 石油学报，1996（01）：25-31.

[39] 宋子齐，谭成仟. 灰色系统理论精细评价油气储层的分析准则、处理方法及其应用[J]. 系统工程理论与实践，1997（03）：75-83.

[40] 宋子齐，谭成仟，王建功，等. 储层定量评价指标和权系数研究[J]. 测井技术，1997（05）：49-53.

[41] 宋子齐，夏克文，谭成仟. 利用灰色理论进行多井储层评价[J]. 西安石油学院学报（自然科学版），1997（04）：23-25+5.

[42] 宋子齐，谭成仟，曹嘉猷. 灰色系统理论处理方法在储层物性、含油性评价中的应用[J]. 石油勘探与开发，1994（02）：87-94+123-124.

[43] 宋子齐，李伟峰，唐长久，等. 利用自然电位与自然伽马测井曲线划分沉积相带及储层分布[J]. 地球物理学进展，2009，24（02）：651-656.

[44] 宋子齐，陈荣环，康立明，等. 储层流动单元划分及描述的分析方法[J]. 西安石油大学学报（自然科学版），2005（03）：56-59+91.

[45] 田新，宋子齐，何羽飞，等. 基于常规测井资料的试油产能预测评价方法[J]. 中外能源，2014，19（02）：58-64.

[46] 张景皓，宋子齐，何羽飞，等. 岩石物理相分类与油层有效厚度研究——以 HQ 地区长 6 特低渗透储层评价为例[J]. 国外测井技术，2014(01)：7-12+3.

[47] 刘洪亮，宋子齐，张予生，等. 利用单渗砂层优势微相带概念精细评价有利沉积微相及其剩余油分布——以温西三块储层、水淹层评价为例[J]. 西北大学学报（自然科学版），2015，45（06）：925-932.

[48] 张予生，宋子齐，李泽亮，等. 利用单渗砂层优势微相带分析温西三块储层水淹层剩余油分布[J]. 测井技术，2015，39(04)：505-509+514.

[49] 孙宝佃，宋子齐，成志刚，等. 特低渗透储层测井系列优化评价研究——以 HQ 地区特低渗透储层测井系列评价效果分析为例[J]. 石油地球物理勘探，2012，47(03)：483-490+359+518.

[50] 庞玉东，宋子齐，何羽飞，等. 基于超低渗透砂岩储层试油产能预测分析方法[J]. 石油钻采工艺，2013，35(05)：74-78.

[51] 王瑞飞，宋子齐，尤小健，等. 流动单元划分及其在地质中的应用[J]. 测井技术，2003(06)：481-485+543.

[52] 雷启鸿，宋子齐，谭成仟，等. 利用流动单元建立渗透率模型的方法[J]. 新疆石油地质，2000(03)：216-219+256.

[53] 谭成仟，吴少波，宋子齐. 利用测井资料预测辽河小洼油田东营组油气产能[J]. 新疆石油地质，2001(02)：147-149+88.

[54] 赖锦，王贵文，罗官幸，等. 基于岩石物理相约束的致密砂岩气储层渗透率解释建模[J]. 地球物理学进展，2014，29(03)：1173-1182.

[55] Houseknecht D W. Assessing the relative importance of compaction process sand cementation to reduction of porosity in sandstones [J]. AAPG Bulletin, 1987, 71(6): 633-642.

[56] Dutton S P, Diggs T N. Evolution of porosity and permeability in the Lower Cretaceous Travis Peak Formation, East Texas [J]. AAPG Bulletin, 1992, 76(2): 252-269.

[57] A. Sharm, J. Leung, S. Srinivasan, Y. Kim and Baker Hughes. An Integrated Approach to Reservoir Uncertainty Assessment: Case Study of a Gulf Mexico Reservoir [J]. SPE116351, 2008.

[58] Spain D R. Petrophysical evaluation of a slope fan/basin-floor fan complex: Cherry Canyon Formation, Ward County, Texas [J]. AAPG Bulletin, 1992, 76(6): 805-827.

[59] 宋子齐. 测井多参数的地质应用[M]. 西安：西北工业大学出版社，1993.